U0010432

毛孩子，活下去

動物醫師成功搶救毛孩子的真實故事！

臺中英國皇家動物醫院　著

晨星出版

目錄 Contents

序

　　安樂死一直都有人爭論，有人反對、有人贊成，各持己見。醫師可能因寵物病情超出能力所及而建議安樂死，飼主也可能替寵物感覺疾病的痛苦或是經濟狀況不允許而選擇安樂死，但是我們忽略了動物本身的意願，他們願意被安樂死嗎？對人而言，安樂死是違反法律規定，然而對某些人而言，寵物的生命尊嚴似乎可以被輕率地對待，只要飼主同意，找到能執行安樂死的醫院不是難事。

　　本書的出版，主旨並不是為了探討安樂死，而是希望飼主在選擇安樂死或截肢時，是否可以考慮有其他的治療方式或醫院可以幫助他們獲得重生，獲得重生不就是有病痛的人所尋求的嗎？動物的這個尋求希望掌握在飼主手上，雖然不是努力就一定可以讓動物重生，但盡最大的努力可以讓動物及飼主無憾，當慎思。

　　本書集結了毛孩子重生的醫療紀錄與飼主的心路歷程，有歡喜、有傷心，更有血淚斑斑叫我們難以下筆的時刻。雖是由醫療團隊共同拍照、紀錄、訪問、撰稿而成，但每篇故事中的毛孩子與家人都是促成此書順利出版的關鍵！每一則愛與永不放棄的故事，希望能提醒飼主在抉擇安樂死或截肢的同時，再多一個考慮機會。

　　每個生命都值得我們努力到最後。

英國皇家動物醫院 蔡焜洋 院長

蔡焜洋

Chapter1
小黑媽

愛的接力！

———✦◈✦———

被遺棄的受虐狗－小黑媽，帶著三個狗寶寶棲身荒地，靠著社區愛媽們的食物勉強過日子。廢棄涵洞的髒亂環境、巨型除草機的危險……都時時威脅著她與孩子們的生命安全。

所幸在一群有心人士的共同努力下，從桃園到臺中，從臺灣到美國舊金山，愛的接力終於讓她得到最寶貴的幸福！

小黑媽

小黑媽的故事，在臺灣經常上演，但不是每隻狗兒都能像她一般幸運，歷經過苦難艱辛，最終迎來幸福新生活的！

小黑媽雖然平時都在路上遊盪，夏天住路邊車輪下，冬天住在空地的水管道，但她並不是無主的狗兒，只是這「名義上」的主人，不准她踏入家門，不打理她的清潔，不曾幫她施打預防針，更沒有帶她去結紮。

偶而想起，主人會拿點食物給她，如果忘了餵，就任她向鄰居討食，即便她懷孕時也是如此。如果小黑媽生下小 Baby，主人會將特別可愛的小狗兒出售，其他的，就任其自生自滅。

二〇一一年，原本的飼主搬家，小黑媽和她的三個狗寶寶被刻意遺忘，從此成為路上的流浪家庭。

社區住戶有的討厭狗，一見到她們，總會喝斥著：「走開！走開！」但也有愛狗人心疼這一家四口，會主動給予食物，愛心媽媽 LULU 就是其中之一。

遭飼主惡意遺棄之後，小黑媽就領著三個小傢伙，靠著愛心媽媽的飼料或鄰居的剩飯剩菜來過活。

只是很明顯地，從沒被好好照顧與疼愛的她，無論是對排斥狗狗的人，還是接濟她們的人，都一視同仁地冷淡與警戒，拿了食物就會帶著孩子快閃，並不喜歡與人親近。

有一回，細心的 LULU 發現，小黑媽比以往更頻繁地來要食物，

但是狗寶寶卻沒跟著出現。觀察了兩天，發現小黑媽不如以往習慣，將食物帶往偏僻角落再進食，而是急著將食物帶走，不知往哪裡去？

「怎麼她變得更古怪了？」LULU 想。

隔天小黑媽又出現來要食物。LULU 決定跟在後頭，看看究竟怎麼回事。

只見小黑媽叼起食物，一溜煙跑進草叢去。尋著夾雜著嗚咽的汪汪聲而行，LULU 赫然發現，原來她的孩子掉到電塔下有兩米深的涵溝裡了！

LULU 這時才明白，這一段時間，小黑媽選擇自己餓肚子，將她得到的食物，全丟下涵溝給孩子吃。愛子心切的她無力救起他們，除了覓食外，就是寸步不離地趴在溝邊看護著狗寶寶。

LULU 顧不得臭氣髒汙，決定冒險爬下涵溝，把又餓又累、恍惚無神的狗寶寶救起。狗狗一被救起，放在草地，小黑媽立刻衝過來，慈母般的猛舔狗寶寶的臉和身體，要孩子們快快清醒過來，讓站在一旁，手腳都被汙水弄得髒兮兮的 LULU 感動得哭了。

漸漸地，LULU 和小黑媽培養出專屬彼此的默契。

每天傍晚時分，LULU 會帶著糧食，在電塔路旁與小黑媽碰面，LULU 的車快到時，小黑媽若沒早在那兒等著，也會從草叢奔出取食。

LULU 和小黑媽慢慢地建立了信任，但卻不容易有親密的互動，她對人類的防備仍在。

小黑媽曾經居住的電塔。

某天，電塔週圍雜亂的長草被推平了，而小黑媽也失約了。

不見小黑媽的 LULU 有點疑惑，但轉念一想：「可能別人給了她食物了吧！這裡的雜草能整理乾淨真好，蚊蟲應該會變少。」

LULU 心中慶幸著，環境乾淨對狗狗是好事，卻不知危機也跟著而來。

第二天還是不見小黑媽來赴約，LULU 開始有點擔心。

到了第三天。

「今天小黑媽會出現嗎？」她邊開車邊想，遠遠地就看到一團小黑影。

「真是的，妳這兩天跑哪去了，害我都快變得神經質了！」LULU 手握方向盤，口裡雖抱怨著，但也放心了不少。

奇怪的是，小黑媽怎麼沒有如往常一樣，跑過來迎接她呢？只瞧見小黑媽奮力起身，在原地搖著尾巴，卻寸步不移。

LULU 下了車才發現，小黑媽的腳斷了！

發著高燒的小黑媽，自己療傷了兩天，舔乾了傷口，耗盡僅有的氣力，出來向她求救！

想必是工人的除草機，不僅夷平了高及人腰的荒蕪野草，也在無意間把小黑媽的腳切斷了⋯⋯

LULU 趕緊帶著她到當地經常協助救援流浪狗的動物醫院診治。

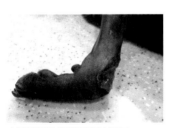

小黑媽被除草機割出的傷口。

「傷及筋骨，韌帶、神經都給切斷了，要修復真的很困難。」醫生這麼說。

「不能試試看嗎？？」

「她受傷的這個位置，是經常活動的。先不論手術能否成功，術後復

原也是個大問題。現在小黑媽又發高燒，風險更大，截肢保命是最好的選項。」

醫生宣告放棄，但 LULU 的心裡還想爭取最後一絲希望。

「除非蔡院長也說要截肢，不然我一定要給小黑媽一個機會！」LULU 平日自家的狗兒只要有重症，都會專車直送英國皇家動物醫院。LULU 一邊忙著與我們聯絡，確定預約門診時間，一邊著手將小黑媽的狗寶寶照片 PO 上網，尋找適合的家庭認養。

一大早跟著 LULU 從桃園南下臺中的小黑媽，到院時跛著腳，精神低落。

蔡醫師一邊為她檢查一邊聽著她的故事。

除了傷口糜爛見骨，韌帶斷裂，神經也受到傷害，的確很嚴重。進一步做了神經學檢查，發現受傷的腳知覺比較差，但還是有痛覺的。除了明顯可見的外傷外，小黑媽也檢查出患有心絲蟲。

「有可能接得回嗎？她有心絲蟲，能進行麻醉手術嗎？」LULU 深怕從蔡醫師口中聽到的宣判。

「有機會，我們可以為她動刀。」蔡醫師評估後做出結論。

LULU 此時只是猛點著頭，眼裡都是淚，哽咽地說不出話來了。

「手術與住院

好消息！知覺雖變差，但痛覺還存在！小黑媽手術順利成功留影。

照顧護理就交給我們吧！」

放下心中大石的 LULU 返家處理送養工作。

醫療團隊為小黑媽進行「腕關節手術固定」，手術非常成功。

住院期間，LULU 經常利用一對雙胞胎兒女上學後的空檔時間，專程搭車南下探望小黑媽，再搭車趕回桃園接小孩放學，雖然辛苦，卻甘之如飴。

我們很用心地照顧小黑媽，漸漸地，她開始願意與人親近。個性溫和的她，不抗拒復健，也不會過度興奮躁動，總是像個淑女般，安安靜靜地緩步而行，讓復健工作進行得很順利，直到出院。

現在，小黑媽的狗寶寶們都已經順利由愛狗家庭收養。

至於小黑媽呢？

她居住在中途之家，除了受到很好的照料之外，也與其他同伴相處得很好。更重要的，她已重拾對人的信任，變得很親人、很愛撒嬌。

小黑媽的故事被分享至網路，並且翻譯成英文，期待愛心人士的認養。

二〇一三年，一對住在美國舊金山的夫妻，在國際救援網絡上看見改名為 EMMA 的小黑媽的故事，被她深情的母愛與堅強的意志感動，申請成為她的家人，希望迎接 EMMA 一起生活。

感謝幸運之神的眷顧，經歷了一番苦難折磨，小黑媽終於找到一個愛她的家！

出院後的小黑媽，快樂全寫在臉上了。

蔡院長的話

我們總是一再地教育飼主，不要輕易決定截肢，不要輕易選擇安樂死，多諮詢幾家醫院，多聽聽其他醫生的建議，可以最大程度地避免憾事發生而後悔莫及。

動物有其個別差異，無法以體重、年紀、生了什麼病……，如此簡單的選項來評估能否麻醉，能否接受手術。小黑媽患有心絲蟲症，麻醉風險與一般受傷的動物相比，相對高出許多。

愈是困難、愈是風險高的醫療程序，更需要仰賴醫師術前評估的專業能力，更要加上飼主的信賴，才能為寵物選擇最適合的醫療，讓寵物獲得健康保障。

骨頭、肌腱、韌帶受傷雖然嚴重，不表示一定殘廢，肢體受傷後失去痛覺，不表示神經傷害一定無法復原，必須等待一年才能確定恢復的狀況，積極治療還是有機會讓殘缺的腳恢復行走。

准許
出院

Chapter2

強強

不安樂的堅持！

「強強係阮ㄟ小漢囡仔，注一支針呼伊睏死去，阮嘸甘啦！」「神明說伊有貴人來相助，原來蔡院長就是伊ㄟ大貴人！」一直喊著「飼狗真麻煩」的雲林阿嬤，在強強重病的這一刻，才發現自己和他早有了無法切割的情感……

強強

家住雲林鄉下的強強阿嬤，閒暇時最愛觀看的節目不是鄉土劇，而是 Discovery 頻道有關狗狗的各種節目。

「鄰居都笑我，阿嬤最愛看『阿斗阿』節目了！」

「養狗的優缺點、要給不同的狗不同的居住環境、狗狗容易得哪些病……，裡面都介紹的很詳細！」

接著害羞的阿嬤談起了強強。

「我小時侯很怕狗啊、貓啊這些小動物，從來都沒有想過要養寵物。」

原來是當預官的兒子，為了追求喜歡的女孩子，去寵物店把強強帶回來，希望能討她歡心。

「那個小姐後來有『趴』到啦！但是他們成功交往以後就忘記媒人強強了，結果都是我在照顧強強。」

不過，兒子休假約會時，偶爾還是會帶強強出去，讓他搭上機車，跟著一塊兒兜風、玩耍。也算是盡到「提供娛樂」的責任。

有一次，小情侶倆載著強強去約會，個性很皮的強強玩得太開心，從機車上摔了下來，可把他們嚇了一大跳。兒子趕緊抱起強強認真看看，沒有外傷、精神不錯，還是活蹦亂跳的，看起來應該沒啥要緊。

「你再這樣，以後不帶你出來玩了喔！」

　　開玩笑地喝斥了強強幾句，倆人帶著強強繼續玩，直到返回營區的時間快到了，才把他交給媽媽。

　　兒子交待兩句今天發生的事，請媽媽要多注意一下強強，就歸營報到去了。

　　過了兩天，本來沒一刻能閒下來的強強，忽然變得很愛睏。

　　「我看他毛長長白白的，睡得就像隻小獅子，只覺得真正是古錐！」

　　強強不像以前，老是整天愛吵愛鬧愛玩，安靜的時間變多了。

　　「這樣也好，免得整天吵得我頭疼。」當時阿嬤是這麼想的。

　　鄰居來家裡泡茶，不見強強跟前跟後亂跳，也有點不習慣。

　　過了幾天，發現這個頑皮鬼怎麼總在睡覺，「我看強強不對喔……，沒有人睡成這樣的啦！還是帶去給醫生看看比較好。」

　　「哎喲！小狗也可以看醫生喔？」

　　「有啦！我住高雄的朋友，說她的狗都有給醫生看，還要打針什麼的。」

　　「我們這個鄉下地方，是要去哪看啊？」

　　這下子連鄰居也被問倒了。

　　想來想去，阿嬤問了養狗經驗比她多的妹妹。

　　「我妹的女兒就介紹我，去給雲林這裡的一位陳醫師看。」

　　陳醫師為強強開了藥，病況當下好轉不少，強強沒有整天昏睡，精神好多了。

　　但後來強強開始有了間歇性的癲癇，漸漸地，連頭都抬不起來。又過了沒多久，病況進一步惡化，連站起來都無力支持。

　　強強癱瘓了。

　　「陳醫師說這個很難治，問我要不要給他安樂死？強強都是我

在照顧的，他每天陪著我，就好像是我的小兒子。打個針，他就永遠不會醒來。我『嘸甘』啦！」

由於外地服役的兒子難得回家一趟，阿嬤和強強相依為命也彼此陪伴。

原本陌生、嫌養狗麻煩的阿嬤，到了這一刻，才發現，自己已在不知不覺中，和強強培養出如此深厚，無以切割的感情。

阿嬤央求陳醫師再想想辦法。

「這種狀況，可能只有我的老師才有辦法。但是他的醫院在臺中，你願意去嗎？」

雲林到臺中，這段路對一般人而言說不上太遠。但對兒子不在家，自己又不會開車的阿嬤來說，還真是挑戰。

「我心裡真的蠻緊張的，沒辦法馬上下決定，也不知道找誰商量才好。」一心想救強強的阿嬤，忐忑不安。

「我一離開醫院就趕快去拜拜，看神明給我什麼指示。佛祖說強強會有貴人相助。」阿嬤還擲得了兩個聖杯，一個笑杯。

「那時候我就覺得很有信心，一定不能放棄強強。而且忽然覺得臺中一點也不遠了。」

強強在雲林陳醫師的協助下，轉診至本院。

「第一次去的時候，我嚇一跳！蔡醫師的醫院怎麼那麼大，工作人員又很多，我又開始覺得緊張了。」回想當時，阿嬤笑了。

「幸好大家對我們都很親切，又很願意聽我講強強的事，

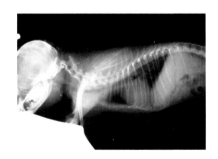

強強 X 光片下的脊椎問題。

講一講心情就平靜多了。」

我們為強強做了神經學與 X 光檢查之後，發現強強的爸爸誤背黑鍋了！

強強患有先天性的第一、二節脊椎脫臼，因此壓迫神經造成癱瘓。上次出遊摔下機車只是誘因，讓病症提早被發現。即使沒有那次意外，終究還是會癱瘓。

「他的病有機會可以救治。」蔡醫師如此告訴阿嬤。

「陳醫師就說他的老師很厲害，真的沒騙我！」

蔡醫師為強強針灸，另外設計了專屬的頸部固定架，避免他因為脖子過度移動，而壓迫神經。

「我真的沒想到，蔡院長才幫強強針灸三次，又在脖子上裝一個固定的東西，本來癱瘓的強強，就能站起來走了！」

「蔡院長，還有陳醫師都是我和強強的貴人！」抱著強強的阿嬤笑瞇了眼。

強強現在只需要按時服藥控制病情，避免過度跑跳，依然擁有很好的生活品質。

「他還是很皮、愛玩啦！我常常帶他出去散步。不知情的人，完全看不出來我們強強曾經生過重病。我本來以為，可以不用安樂死就很好了，沒想到他能恢復得這麼好，我實在是很感恩啦！」

強強在接受治療後終於站了起來。

樸實真誠的阿嬤很可愛，有幾次她休診前或早上一開診時打電話至醫院，讓接電話的同事有點緊張，以為強

強發生了什麼事。

「我看著強強那麼可愛的樣子，忍不住就很想打電話來謝謝蔡院長啦！你們一定要幫我告訴他，真的很感謝他。」

原來，阿嬤是來致謝的。

話說回頭，為什麼阿嬤很愛看 Discovery 頻道的狗種節目呢？

「想到強強現在還能陪著我，也可以跟著我們一家出去玩，我就想，應該要給更多人知道，像強強這樣都能復原了，真的不要隨便就說不給狗狗醫下去啦！我很想跟很多人講這些事，但是我就是不太會說話，才想說要多看動物的節目，懂多一點啦……。」

這時的阿嬤，靦腆的微笑中又多了一份堅定。

阿嬤的心意。

蔡院長的話

　　動物難免有遺傳性疾病，小時候沒發病並不表示以後不會有症狀，有的遺傳疾病出生幾個月就有臨床症狀，有的需要幾年後才發生，有的沒症狀就可以檢查出來，有的需要幾年後有症狀才能檢查出來。要養寵物之前請務必評估自己是否能接受養到有遺傳性缺陷的動物，並有能力付出愛心給他們生存的機會。

　　到院時奄奄一息，體重只有 750 公克的強強，非常地虛弱。我們評估，他的骨頭纖細，如要施以脊椎手術，困難度極高且十分耗時，如此瘦弱的他，恐怕難以承受。

　　醫治的選擇不一定只有一種，專業的醫師會提出各種治療方式與可能產生的風險、後遺症，與飼主商討出最佳方案，讓寵物健康快樂繼續陪伴家人。

　　對強強而言，保守治療會是最佳的選項。讓他在小小的頸圈限制下，重新獲得良好生活品質。

准許出院

公爵

有愛，遠途亦是捷徑！

一場莫名的車禍，讓公爵原有 30 公分的
尿道只剩下 5 公分還堪用。
「每個生命都值得努力到最後」本著這個
信念，一個未曾見載於文獻與臨床論文的
獨創手術方式誕生了。但是沒有人知道是
否能成功？是否能熬過感染風險？

公爵

不幸的事發生在二〇一一年十二月某日的早晨。

「真的發生得太突然，到現在我還不知道公爵怎麼會跑到鄰居的車輪下？」公爵爸爸遺憾又無法理解。

那天早上，同社區的住戶緩緩地將車子開出停車場，速度不快。

「我們帶著公爵準備出門，巧遇剛運動完的鄰居，只不過停了下來，站在路旁打個招呼，就聽到他哀叫了一聲，低頭一看，輪子早已輾過公爵，真的把我們嚇得快昏了！」

「我才急著要蹲下看看他哪裡受傷，公爵手腳倒快，已經沒事般地站了起來，我仔細檢查，不但沒有看到傷口，連輾到哪兒也弄不清楚。」

媽媽雖然看不出他有沒有受傷，畢竟還是難以令人放心。決定先帶他到附近的醫院檢查，希望一切 Ok，至少能心安。

醫生簡單做了檢查：「看起來還 Ok 啊？應該沒什麼事啦！你們再觀察看看好了。」

聽到醫生這樣建議，爸媽的緊張情緒抒緩了不少，希望能如醫生說的，公爵平安無礙。

不料到了晚上，公爵的精神明顯變差了，不太想動，眼神帶了點憂傷的感覺。

「我覺得他很不對勁。」爸媽趕緊再帶他去醫院。

醫生說：「看來應該是腹內受傷了，我幫他開刀看看好了。」

沒想到，不到半小時，醫生就走出了手術室。

心急如焚的爸媽趕緊上前詢問：「醫生，怎麼這麼快就結束手術了？」

醫生搖搖頭說：「我們打開腹腔一看，他傷得很重，泌尿系統有的挫傷有的破裂，真的是一團亂！我原封不動的縫合了。」

「那現在該怎麼辦？」

「公爵可能沒救了，不要讓他痛苦，考慮看看趁他還在麻醉中安樂死吧！」

「怎麼可能？公爵早上還活蹦亂跳的，現在只能選擇安樂死？」爸媽沒辦法接受這個建議，更不願就這樣放棄他。

再帶著公爵去別的動物醫院求助，沒想醫師也一樣束手無策。

拗不過爸媽堅持救到底的決心，醫生建議：「去臺中的英國皇家吧！或許有機會……」

爸媽隔天早上立刻從新竹出發，因為公爵會間歇地吐，尿不出來，但每隔一小段時間，又會流出一點點像血又像尿的液體。家人就用舊衣物包著他南下臺中。

醫師為公爵進行初步檢查時，他不斷地嘔吐抽搐、滲漏血尿，一直發出嗚咽哀鳴的聲音，可見真的痛極了。

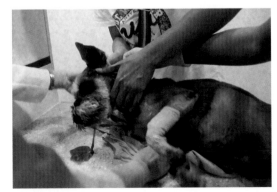

公爵初診時的狀況。

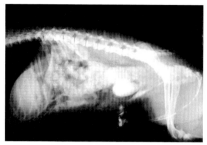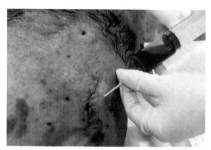

公爵的內臟有嚴重挫傷，肚子裡抽出來大量
混雜尿液的血水。

　　接著做了 X 光、超音波檢驗，又從公爵肚子裡抽出來好多血水。

　　從影像檢查中，蔡醫師發現公爵的膀胱、肺部都有嚴重的挫傷。輸尿管斷裂、尿道碎裂，陰莖也已近壞死。從腹腔抽取出來的血水，夾雜了因尿道碎裂滲漏而流到腹腔的尿液。

　　「依他現在的身體狀況，開刀的風險不小，但若不快點開刀，這些腹水會嚴重汙染腹腔，一旦感染，就更難治癒了。」

　　蔡院長希望讓爸媽明白，這次的手術存在一定的風險。

　　「世上沒有保證絕對成功的手術，但可以承諾的是，我們的設備齊全精良，完全比照人醫等級。醫療團隊有豐富的經驗，一定會盡全力搶救。」

　　「其實，如果院長拍胸脯保證，絕對醫得好，我反而會懷疑他是輕率、說大話。」

　　蔡醫師詳盡的說明和風險分析，讓家人的心安定了不少。

　　「蔡醫師，你是唯一願意給公爵機會的醫生，公爵就拜託你們了！」縱然公爵前途未卜，但為了不讓自己和公爵有遺憾，爸媽接受建議，決定開刀了！

　　為了拯救公爵，醫療團隊計畫移除壞死尿道，進行「輸尿管重

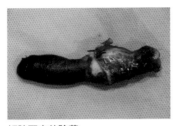

切除下來的陰莖。

建顯微手術」，壞死的陰莖也必需做切除。

蔡院長開刀後發現，原本正常狗兒的尿道長度應該有 30 公分長，但公爵受傷慘重，只剩不到 5 公分是健康可用的！

尿道過短，無法施以輸尿管重建，依多年深厚的外科手術經驗，蔡院長當機立斷，自創「尿道繞道包皮吻合手術」解決公爵尿道過短的問題。

重接後的尿道，與原有的包皮位置接在一起。如此一來，雖然把壞死的生殖器切除了，但若不知情，根本看不出來公爵的「命根子」已經不見了！

泌尿系統手術最怕的是感染，所以公爵需要住院一段時日。

「回到家裡只剩我和他爸，還真的有點不習慣。」少了公爵這個愛撒嬌的開心果，忽然變冷清了：「下班回家打開門，沒有公爵衝過來嗚叫耍賴，就覺得好寂寞喔……」

爸媽實在太想念他了，有時一下班就直奔臺中，只為了摸摸他，抱抱他。連住在南部的阿嬤、舅舅也會來探病。公爵最愛和舅舅玩頭抵頭的遊戲，舅舅總是裝輸，逗公爵開心。

愛跟家人撒嬌的公爵，在我們面前卻是另一個樣貌。

清創、換藥他都難得哼唉一聲，像個堅毅剛強的漢子。見他如此勇敢，反而更叫人心疼！

每當公爵食慾不振時，助理們就會邊摸著他的頭，為他加油打氣，還將食物放在手心，慢慢地餵他。

「不要害他養成要人餵才肯吃的壞習慣啦！這樣主人以後會很

困擾。」同事間彼此提醒著，但每個人還是會偷偷地用手餵公爵，只為了讓他能多吃一點。

值得慶祝的一刻，公爵終於可以自行排尿。

或許，公爵是用這種方式與我們親近呢！

二〇一二年一月中旬，公爵終於能自行順利排尿，我們通知家人可以接他出院了！

爸媽和好友開心地來接公爵回家。

當我們放映公爵早上順利排尿的影片時，媽媽開心又安慰，眼淚直在眼眶打轉。

「我們原本在想，只要可以救活公爵，就算日後有漏尿的後遺症，甚至他終生都得包尿布也沒關係，我們都做好心理準備了，沒想到公爵復原得比我們想像得更好！」

陪伴同行的好友在一旁也忍不住鬧媽媽，說她愛哭又愛笑！

「這段時間她瘦了不少，說太想公爵沒心思胃口吃飯，有時在辦公室也哭。只要接到你們的電話，知道公爵又有進步，就會開心地講給我們聽。公爵就跟她的兒子沒兩樣！」

公爵返家後一切順利，複診追蹤的時間也慢慢地拉長。

「如果沒有特殊的狀況，公爵就可以不用再吃藥，也不必再回診囉！」

家人的配合，讓公爵恢復了往日的健康，愈來愈健壯，還變胖了呢！爸爸也常在 FB 上 PO 出遊照，公爵總是笑得很開心！

「他排尿順暢，完全沒有漏尿、頻尿的問題，跟著我們到處遊

玩,出遠門都 Ok!連外觀都看不出異樣,真的很謝謝蔡醫師,不只醫術精湛,更是視病如親。」

曾經有朋友問媽媽:「把公爵從新竹送到臺中醫治,只能趁工作休假的小空檔,兩地奔波往返,不會嫌路程又遠又麻煩嗎?」

「沒錯,看來似乎是捨近求遠,自找麻煩,但是你瞧,他像是曾經被判定要安樂死的狗嗎?幸好我們堅持要救他,拒絕了安樂死的建議。在我們幾乎失去他時,才知道他對我們有多麼的重要!從新竹到臺中,這條路不遠也不麻煩,是讓公爵能重返我們生命,一條愛的捷徑!」

公爵和家人一起開心出遊。

蔡院長的話

當我發現公爵的尿道只剩不到 5 公分是完好可使用時，立刻思考的是：

1、珍惜把握僅有的正常組織。

2、不只手術要成功，更要將感染的風險降到最低。

3、確保公爵未來生活的最大幸福值。

「尿道繞道包皮吻合手術」，是未曾見載於國際學術與臨床論文的創新手術方式。膀胱端的尿道還堪用，但陰莖部分的尿道已經壞死，切除陰莖後，將膀胱端的尿道直接和包皮吻合重建，故稱之為「繞道」。

選擇繞道後，要決定是否要在腹腔另開一個孔洞，供尿液排出？

對手術本身而言，不但可以順利解決尿道過短的問題，技術上也較簡單。但是如此一來，除了狗狗肚子的外觀上，將會有一個奇怪的洞之外，未來狗狗尿尿時，尿液極可能會四處亂噴。除了周遭環

境的影響外，也包括因尿液噴流到自身，而造成傷口汙染。

　　而且過短的尿道，加上常接觸地表的排尿孔，非常容易造成泌尿道感染，而導致疼痛與頻尿等問題。這對術後復原、未來狗兒與飼主的生活都將有負面影響。

　　於是我選擇相對困難的「尿道繞道包皮吻合手術」，將尿道接回已失去陰莖的包皮。不僅從外觀看不出絲毫異樣，亦無損於狗狗的生活品質，相信更能帶給飼主最大的心理安慰。

　　創傷後血管破裂、血栓形成、再灌流性的傷害，可以讓看起來好好的組織在幾天後開始壞死，血栓或再灌流性的傷害在重要的臟器，例如心臟或腦部，可能引起猝死，創傷附近的組織壞死需要再手術修補是可以預見的，難以修復的組織需要專業的醫師來重建，「放棄」，是成功的最大阻力。

准許出院

Chapter4

善聽

十方世界，一切有情！

因為飼主沒有接生的經驗，所以拉壞了小臘腸的腳，幸好有善心的寺廟師父收養他，並為他取名「善聽」。他不只是個跟著修行早晚課的小師弟，還讓原本只專注修道的師父，開啟了 Google 搜尋之門……

善聽

「還好我找到你們！我就知道蔡醫師會有辦法！」說起小臘腸善聽的故事，清印師父眼中滿是寬慰。

住在南投山上的清印師父，寺裡原本就養著一隻不請自來的大狗「善緣」。

「都是緣份嘛！山上狗那麼多，只有他愛來這裡找東西吃。我們只好拿點素食的飯菜給他，本想狗都是吃葷的，他若不肯，以後就不會來，這樣也好，好歹也盡了心意。」

想不到這隻大狗真是與眾不同，別的狗不愛的素菜飯，他總是吃得津津有味的，「我們晨昏唸經時，他就靜靜地在一旁坐著，既然他不吵人，我們也不趕他走，任他去。」

見慈悲師父們不趕他，大狗也順勢留了下來。

時日久了，大狗兒居然還會跟著唸經頻率聲調，隨著節奏韻律，跟著「嗚呼」幾聲。

「一切都是緣。」師父們幫大狗取了佛號「善緣」。

前來寺裡拜佛的施主裡，有經營寵物業的，他提醒師父，狗狗不適合吃人類的食物，於是每當師父下山，就會順道採買素食狗糧給善緣吃。該做的疫苗施打與服用預防藥，善緣一樣也沒少。

「以前是不懂不知道，現在既然都知道這些資訊了，該做的都要做。山上蚊子多、野鼠也不少，多用點心就能保平安。」

雖然這跟善聽的故事好像沒有關係，但若沒有善緣，也不會有

善聽的故事了。

　　某一個秋日的午後，清印師父又來到寵物店採買糧食。

　　「師父！我有一隻一個多月大的臘腸狗要送人，你要不要？」

　　師父連忙搖搖手說：「不用！不用！謝謝你。當初養善緣就是個意外，不然我是從沒打算要養狗的。」

　　老闆邊聽著師父的回話，手也沒閒著，就把身旁的籠子打開，抱出小臘腸湊近師父的臉說：「伊實在是歹命，看師父你願不願意收養他，嘸勉強啦！」

　　老闆說起小臘腸來到他店裡的緣由，原來是小臘腸的媽媽生他時難產，前面的哥哥、姐姐都順利出產道了，最後這隻小臘腸一直卡著出不來。

　　沒經驗的飼主一時心急，想幫忙用手將小臘腸拉出，沒有拿捏好力道，小臘腸的腳就被拉斷了。當時飼主不曉得，所以也沒就醫，任他自然癒合。

　　等小臘腸開始走路時，飼主發現他跟其他的兄姐不一樣，感覺右後腳稍微僵硬，走路時常常會呈外八字形。原以為長大一點就會好，不料反而愈來愈嚴重，應該是出生時就受傷了。

　　同胎的手足陸續送養，只剩下這隻小臘腸沒人想要。

　　「那個小姐問我哪裡會收容小狗。唉喲！這樣子的去收容所，不會有人認養啦！」善良的老闆看著狗兒的可愛小臉，心中十分不忍。他想，健康的狗兒送進收容單位都可能被安樂了，更何況是有殘缺的？於是，就把這原本要送進收容中心的小臘腸帶回店裡了。

　　「我是想說，我的店裡往來飼主那麼多，說不定會有好心人不嫌棄，願意要他。」清印師父摸了摸小臘腸的頭。

　　「再多照顧一隻小狗，我實在是沒辦法，歹勢啦！」擔心自己

心有餘而力不足，師父當下婉拒了。

沒想到，回到山上後，連續幾晚，入夜欲眠時，小臘腸的臉就浮現眼前，叫師父輾轉難眠。

「唉……看來是與我有緣吧！」

清印師父決定下山帶小臘腸回寺裡，取名「善聽」。

善緣升格成師兄，有了小師弟「善聽」了呢！

重新得到幸福的善聽十分乖巧。師父們早晚課時，他也跟著大狗善緣一起聽，一塊兒吃素，很適應悠然平靜的新環境。

過沒幾個月，他也開始效法師兄善緣，跟著哼哼喔喔地吟唱經文，模樣甚是可愛！

唯一困擾師父的問題是，善聽長得愈大，後腿的問題更惡化，滑倒的次數變多，連大小便也會沾到自己的腳。

清印師父只得帶他下山檢查。

醫生說：「狗狗還小，不適合做手術，等成犬後再說吧！」

兩三個月又過去了。

善聽滑倒頻率更密集，外八、僵直的狀況也愈來愈嚴重。

心軟的清印師父憐愛心疼，又帶著善聽就醫。

「唉！其實長大後也沒辦法開刀啦！就讓他這樣也沒關係啊！」沒想到這次醫生居然這麼說。

手術之前的善聽。

「矯正手術的難度一定很高，醫生才會放棄的吧！」

雖然能理解醫生的難處，可是見善聽老是跌倒，師父總是覺得很虧欠他：「如

果換成是我，得一輩子跌跌撞撞地走路，感受又是如何呢？」

難道善聽的未來已經無解，只能每況愈下嗎？

清印師父明白，無法從醫院那裡再得到任何積極性的醫療建議了，到底該怎麼辦呢？

「不能這樣下去，或許其他的醫院有辦法可以幫助善聽呢？」

苦於不知道該去哪裡找醫師的清印師父，因為慈悲的愛與關懷，開始上網認真地搜尋臺灣各家動物醫院，終於找到了英國皇家動物醫院。

雖然過往對醫療系統沒有太多接觸與瞭解，但從網路的資料中，看見醫院有齊全完備的各項醫療設施，也查詢了蔡醫師所帶領的醫療團隊，過往曾有那麼多的成功手術記錄，不知怎麼的，就讓他非常有信任感。

清印師父很快地與我們聯絡，帶著善聽來到臺中。

到院那天，聽著師父詳細描述善聽的「身世」與互動的點點滴滴，真的不得不令人佩服他對小生命的尊重。

經由理學檢查、X 光影像學檢驗，確認善聽因為關節附近骨頭骨折，沒有正常癒合，使得關節畸型，無法正常踏地行走，呈外八拖步滑行。另外三隻腳則正常。

「我們有信心可以用膝關節固定手術來矯治。」蔡院長說。

這句話，讓清印師父懸宕已久的不安終於放下。

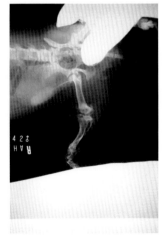

X 光檢查可以看到善聽的關節畸形。

「還好我找到你們！我一踏進醫院，見到蔡醫師，就直覺他可以解決善聽的問題」他笑著說。

膝關節固定手術十分成功，善聽留院繼續接受針灸、水療、復健等治療。

要活潑好動的小善聽安份養病復健可不是件容易事！

尤其是當想念他的師父下山，帶點小零食來探望時，小善聽一見到師父就興奮不已，讓醫護人員緊張地守護傷口，努力限制他的躁動。

看著善聽一下子耍賴，一下子撒嬌，大夥都被逗得笑了！

返「寺」後的善聽，復原得很好，定期回診檢查一切良好。

「還好我找到你們！」這是清印師父最常說的一句話。

這句簡單的話，是對從醫的我們，最大的讚美與鼓舞！

腳掌踏地的善聽。

蔡院長的話

「動物的生命力很强，骨折可以不去理會他，自然會癒合的。」

我知道很多人都這麼想。

沒錯！為了適應物競天擇的生活環境，無主的流浪動物被迫培養出强大的適應與生存能力。甚至在受了重傷後，也能在不就醫的狀況下，繼續活下來，但他的身軀卻是受苦的，而壽命也會減短。

善聽若不進行手術矯治，一樣可以活下來，但是經常的滑跤，可能對原本受傷的腳帶來二次傷害，也可能不小心摔倒撞到頭部，或摔斷其他健康的腳。如廁的不便與沾黏，則會讓泌尿系統與皮膚容易受感染，不可不慎。

因為提到骨折，我想也趁機以專欄的方式與各位分享飼主們時常詢問的一個問題：「我應該為狗狗添加鈣粉嗎？」

准許
出院

我應該為狗狗添加鈣粉嗎？

「我家的黃金才幾個月大，聽說大狗成長時要補充鈣，我該讓狗狗吃哪種鈣粉？」

「想把拉布拉多犬養得雄壯有力，早一點提供他鈣質應該會比較好吧？」

在養黃金獵犬和拉布拉多犬極盛行的年代，經常能接收到飼主這類的詢問。

「既然是養大型犬，當然會想把他養得又肥又壯，毛色漂亮，這樣才有面子嘛！」很多人的觀念似乎是如此，所以會不惜代價買一些營養品，特別是鈣粉給狗狗吃。

我並不贊成。

現在的人養狗，大多給狗吃飼料或罐頭，知名品牌的狗食公司裡有很多營養學專家，經過他們的研發調製，飼料與罐頭裏的鈣質成分都已經是足夠的，飼主為了愛狗狗而額外加添鈣粉，殊不知這反而成為狗狗在營養上嚴重的負擔。

鈣質過多造成的狗狗骨科相關疾病有：髖關節結構不良症（Hip Dysplasia）、分割性軟骨炎（Osteochondrosis Dessican）、肥厚性軟骨發育不良症（Hypertrophy Osteodyplasia）和前肢橈尺骨變形；另外還有非骨科相關疾病，例如：結石、皮膚鈣質沉著症、心血管疾病、腎臟疾病等。有些心臟血管用藥還使用了鈣離子阻斷劑，所以鈣太多其實是不好的。

「檢查過有吃過鈣粉的狗，大多發病的時間會提早且更嚴重。」我對很多狗狗做過髖關節結構不良症篩選，鈣可以促進骨頭發育，但是無法促進肌肉跟隨快速成長。所以當骨頭快速生長的同時，肌肉只要跟

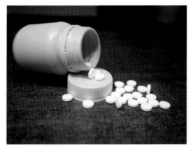

鈣片與鈣粉。

不上，就會同時把股骨頭拉出關節窩，引起髖關節的結構改變。狗狗運動時，因為髖關節結構不正常，反而會讓正常骨科力學發生變化，使骨頭受力增加，造成髖關節發生鬆脫、關節窩變淺、股骨頭被磨平。

攝取過多的鈣，也可能造成退化性關節炎。

動物的正常生理反應為了使關節穩固，會修補被破壞的軟骨和軟骨下骨而產生骨頭，於關節附近成為骨刺，成為所謂的退化性關節炎，一旦產生退化性關節炎，是無法再恢復的。

吃過鈣粉的狗狗也會在做胸腔 X 光檢查時，看到鈣沉著在肋骨上。這種現象只有在年老的狗或有慢性腎臟疾病的狗身上才看的到。所以我衷心呼籲，只要是吃飼料、罐頭的狗，千萬不要添加任何的鈣粉了，以免白花錢，狗狗又受罪。

我從多年前就有撰寫關於鈣粉的文章，只因為常常有飼主帶狗狗來就醫，都會問及相同的問題，我總是不厭其煩、一再地重覆說明。

因為我相信，正確飼育觀念的建立，是保護寵物健康最首要的。

直到某次看診時，有位飼主說：「蔡醫師，我養過好幾代的狗，也去過許多醫院，從來沒有人這麼教育我，倒是鼓吹我買各種營養品的

大有人在，你應該讓更多人知道這個觀念！」

　　於是我寫下這篇短文，沒料到，這個我以為基本又簡單的觀念，卻被網友們不斷地轉載，甚至前往中國演講時，也有醫師跑來謝謝我，說他再也不建議飼主讓正常的狗狗吃鈣粉了。

　　有時也會感嘆，從我的專業立場看來，這實在不是什麼了不得的見解，會引起那麼多迴響，令人意外。深思後，又不禁有些無奈，愛寵物的飼主們，甚至是投身動物醫療的專業醫師們，對於醫療資訊原來如此渴求。

　　臺灣寵物的醫療專業，真的有非常大的成長空間，還待大家一起努力！

中西合併的力量！

家中的高齡狗狗眼瞼、口腔、生殖器都長了腫瘤，該怎麼辦？持續增加類固醇與抗生素劑量控制腫瘤，同時也會帶來腎臟過度負荷的風險危機！西方醫學技術加上東方老祖先的智慧，能否讓「狗瑞級」的 Mickey 安度晚年？

Mickey

「沒想到狗狗跟人一樣也會有腫瘤？我震驚又不安地開始帶他求醫看診。服用類固醇與抗生素後漸有起色，但醫生也告訴我們，恐怕腎臟的負荷太大，Mickey 有生命危險之虞。幸好找到蔡醫師，我們真是好福氣啊！」媽媽說。

Mickey 是朋友送給家人的狗狗。

「Mickey 已經陪著我們度過十九個年頭了。我朋友說他是馬爾濟斯，可是他的 Size 比一般的馬爾濟斯大得多。一直到結紮時，醫生告知我們，他有西高地的臉型、特徵與體型，可能是混西高地白梗的馬爾濟斯，所以才會那麼『大隻』！」

Mickey 的個性挺倔的，所以想要訓練、矯正他的問題行為，實在不容易。

「我們也沒學過怎麼教育小狗，就把他當小朋友來教，連哄帶騙都不行時，就用恐嚇的。像是為了教他不可以隨處尿尿，只能在籠子裡上廁所，就打壞了兩隻梳子。」乍聽之下讓人不禁冒出冷汗，這……太暴力了吧！

「不是打他啦！是打地板警示他。」想起當年胡亂教育 Mickey，裝兇狠又不被甩的情景，媽媽自己都不好意思！

有人說，為什麼家裡最皮的小孩最受寵？因為他聰明、搗蛋。又特別會撒嬌！

「Mickey 就是這樣啊！」

每當媽媽出門上班，他不是在家裡走來走去等著媽媽回來，就是在門邊對著陌生人狂吠，每天上演，直到他累了才會停止。

問題是，小型狗的體力好，不易累！

「要不是鄰居也愛狗、度量又大，我早被投訴去警局報到了吧！有醫生說，小狗汪汪叫是在運動。Mickey 從小一直狂吠，難怪他的心肺功能好，這麼長壽！」

為了限制 Mickey 的活動範圍，媽媽買了六片圍欄，臨出門時就將他放進圍欄，耳提面命要他乖乖待在圍欄裡，別又跑到門口吵鄰居。結果回家時，他又一如以往地搖著尾巴，又吼又叫地在門口迎接。

「不是都用柵欄圍起來了嗎？」媽媽驚訝的開門進屋時，他似乎突然想起自己不該出現在欄外，趕緊一溜煙躲起來。

好奇他如何練就「逃脫術」的媽媽，隔天假意出門後，藏在門後觀察，只見 Mickey 用鼻子將圍欄頂到床邊，一腳踩上床緣後一躍而出！

「於是圍欄就送進儲藏室，不見天日了。」媽媽又好氣又好笑，但也很得意的說。

Mickey 的肺活量「自我訓練」課程，一直到其他家人搬來與媽媽同住，有了阿嬤和其他姐妹的陪伴，他不會再「一個人」被留家裡後才告一段落。

「曾聽人說，狗狗有小孩四至五歲的智商，但我總覺得 Mickey 又比一般狗狗精明。」

擁有一身「奇技」，愛搗蛋、好奇和懂得善用工具，還不足以描寫他的聰明。

　　曾經有過狗飼料公司因為遷廠，廠區管理不善而產出黑心飼料，許多毛小孩食用後造成病變死亡的憾事，但 Mickey 早在家人發覺飼料味道有異前，就已經拒吃了。剛開始家人還以為是他挑嘴，再仔細聞聞，發覺飼料味道特別奇怪，於是幫他換了飼料，也因而逃過一劫。

　　味嗅覺敏銳又挑剔的 Mickey 救了自己一命。

　　有了其他家人的陪伴，聰明的 Mickey 很快就將自己定位為「家中的超級寶貝」。他熱愛與所有的家人膩在一起，最好乾脆黏在一塊兒！

　　「只要你坐下，他就走到腳邊，你躺下他就窩在胳肢窩下、靠在你的枕頭旁，冬天我們還樂得暖呼呼，夏天即使汗流浹背，他也一樣賴著不走。」媽媽說。

　　「不要靠過來啦！你這變態狗！」任家人如何笑罵他，他總是不動如山，像布偶似的被推來推去，逗得大家笑翻了。

　　被嬌寵慣了的 Mickey 不常出門。

　　每回出遠門，媽媽總要帶齊他的各式行頭：籠子、尿盆、飯盒、水盆、墊子、飼料、背袋（毛小孩的家人應該都心有戚戚焉），讓媽媽視出遊為畏途。再加上 Mickey 從不在外面的地上走路，因此就苦了媽咪要一路背。

　　「別人是遊山玩水，我倒像是苦行僧，要不就是背著他，要不就是整路抱著他的大袋子。住宿更慘！他在我們家的雙人床上，有一個專屬的位置。為了安全和飯店規定不上床，我們只能認命的跟他窩地板。」

　　如果媽咪不打算帶他出門，古靈精怪的他會把自己塞進行李箱。抱他出來後，他就會黏著二姐姐，生氣不理媽咪。然後再趁媽

媽不在時，拉出櫃子裡的東西亂扯、在床上大小便，用盡方法作怪，來表達抗議。

「我真的就是沒辦法對他生氣啊！」媽咪笑得很無奈。

聰明又活潑的 Mickey 和家人度過了無數個快樂的日子。

十五歲那年，家人發現 Mickey 的右眼瞼上長出一顆不知名的東西。

很多粗線條的飼主，常會選擇觀察一段時間，看看小痘痘是否會自行消失，或者亂拿家裡的藥膏塗抹，希望能消腫消炎。

但細心的媽媽很快發現這個小痘痘惹得 Mickey 又扎又癢，一下子就被他抓得破皮帶血。

「我想頂多就是過敏或小肉瘤吧！沒想到看了醫生才知道，這個小東西是『腫瘤』！狗狗跟人一樣也會長腫瘤？」在家人震驚不安中，Mickey 開始了漫長的診療。

為了控制腫瘤不變大，醫生使用類固醇與抗生素為 Mickey 治療。一開始頗有成效，腫瘤真的變小了。

但很快地難題也來了。

醫生告知家人，隨劑量增加，腫瘤勢必會變小，但這些藥物對腎臟的負荷太大，不能無限制地一直向上加重劑量，擔心 Mickey 承受不了，有生命危險之虞。可是如果減少劑量，腫瘤肯定會一直變大而壓迫到右眼。最終要根除腫瘤，就必須將右眼整

Mickey 初診的樣子。

Mickey 的眼睛腫瘤經由針灸治療後逐漸改善。

個摘除，以防腫瘤再擴散病變。

「一定還有其他可以醫治腫瘤的方法吧？」家人實在難以接受可愛、精明、帥氣、人見人愛的 Mickey 只能在「存活」與「摘除右眼」之中做出選擇。

「還好我們平時不只善結狗緣，也廣結人緣。」透過同是愛狗人的朋友介紹得知，狗狗也有中西醫合併的治療方式。輾轉再經過寵物醫師轉介，終於來到英國皇家動物醫院。

「收到這個資訊時，我們真的又喜悅又忐忑，雖看見了一線生機，卻又忍不住擔心，會不會蔡醫生也兩手一攤，要我們自己決定下一步該怎麼走？」

為 Mickey 做了一連串的檢查之後，蔡院長發現除了眼睛之外，他的口腔、陰莖也長了腫瘤。

蔡院長建議讓 Mickey 接受中西醫合併治療。中藥、西藥加針灸，每個星期都得回診檢查，讓醫生能掌握復原進度。針灸之初，腫瘤比原先的狀況更加紅腫，導致

Mickey 視力模糊。幸好疼惜他無法看清楚，走路變得東倒西歪的家人，不捨之餘仍信任我們會給 Mickey 最好最適切的治療。

「要有信心、有耐心，陪著 Mickey 一起度過這段難熬的日子，我們祈禱著，這一切不會讓 Mickey 白受罪，他一定會好的！」

西方科技加上東方老祖先的智慧，讓 Mickey 不需要再受類固醇、抗生素的完全箝制。針灸、中藥加上蜂蜜調和，內服外用徐徐調理，經過一段時間，成效慢慢呈現了。

Mickey 三處腫瘤不僅變小，最後完全消失了！Mickey 又回復昔日炯炯有神、古靈精怪的雙眼，家人真的能放寬心了。

「回溯那段辛苦的日子，現在才明白，其實我跟 Mickey 真的好幸運，老天讓我們遇見了許多生命裡的貴人。」

曾聽聞一些狗友們分享，認為經過重大傷病的狗狗，痊癒後個性變得與以前不同，多數看法較為負面，挑食、個性古怪等。當然，這些論調目前沒有寵物醫學上的科學統計根據，只能說，純粹屬於個人感受成份居多。

然而經歷過眼疾病痛的 Mickey 的確有些改變。

「腫瘤康復後，他的性情反而比以前穩定，可說是上天的恩典。我們當然要更加疼愛他啊！」

陰莖腫塊及瘀血

治療後，生殖器上的腫瘤也消失了

　　數年過去，Mickey 隨著年歲漸長，漸漸地眼不明、耳不聰、齒牙動搖、不靈光，動作也變慢、變緩，家人覺得他真的老了。以人類年紀推算，年逾十九歲的 Mickey，早就超過百歲，榮登「狗瑞」之列了！

　　某一次躍上椅子失敗後，家人發現他的腳步猶豫了！很快地，連跳上 50 公分的床鋪高度也變得困難。媽媽撤了床板，陪著他一起睡地板加墊子。牙齒幾乎掉光的 Mickey，連咬飼料都變得困難。

　　「沒關係，我可以餐餐為他準備用蔬菜、米飯、肉類打成的食物泥，再加些果汁、營養品。」雖然媽媽每天也得為自己與 Mickey 的生活在外打拚工作，但無論如何還是設法抽空為 Mickey 特製「狗瑞美食」。

　　「他超挑嘴的，得常常變換菜色才行，這叫做『歡喜做，甘願受』。他開心我就滿足了。」雖已老邁，但一到「進膳」時刻，Mickey 就會迫不及待吠叫：「快點！快點！」

　　「不會嫌吵啦！這代表他還元氣十足。」

　　珍惜彼此陪伴的時光，享受與 Mickey 歡樂開心的每一天，「能跟 Mickey 情牽一輩子，是我最大的幸福！」

蔡院長的話

傳統癌症治療的方式有外科切除、放射線治療、化療等等，外科如果可以切除乾淨，在治療癌症上有不錯的效果。可是癌症長在不能切除的部位時，治療也就變成一個棘手的問題，癌症已經證實是代謝性的疾病，使用代謝治療和其他輔助治療也是一個重要有效的治療方式，不要輕易的犧牲器官或是安樂死。

飼主原以為，連教學動物醫院都建議，以手術將眼球挖除是唯一方法時，一度讓她們沮喪絕望，以為已到盡頭。沒想到針灸加上中藥不只拯救了Mickey的眼睛，也避免了類固醇與抗生素對肝腎帶來的傷害。

在飼主感謝我們之餘，我們也要感謝飼主。

雖然事先有跟飼主告知，針灸之初，腫瘤會比原先狀況更加紅腫，但若飼主對我們的醫療缺乏足夠的信賴，很容易會對成效感到存疑，甚至放棄治療。

視病如親是醫者天職，但若少了醫、病間的彼此信任，將可能帶來遺憾。

旺財

一環扣一環的奪命危機！

誤食農藥的黃金獵犬─旺財在還沒有任
何藥物反應的第一時間內，就被送進醫
院治療，明明打了解毒針，可以回家休
養的他，突然大口喘氣，瞳孔眼神呆滯，
送院時已無呼吸心跳……醫療團隊立刻
對旺財進行心肺復甦、插管、換血……

旺財

旺財住在雲林偏鄉，一般的黃金獵犬差不多有 35 公斤重，近 50 公斤的「大黃金」也很常見，但旺財是斯文的小個頭黃金。

旺財也是髖關節發育不全症患者，曾經接受過蔡醫師的 TPO 手術（Tri-Pelvic Osteotomy 三處骨盆骨切開手術）。除了追蹤手術復原狀況，也定期回院健檢，向來是個健康寶寶，沒讓家人操心太多。

鄉間空地多，但車輛往來不多，都是世居家族，彼此熟稔、互動也很好，大家都認識旺財。家人沒有特別限制，旺財除了可以在住家附近自由活動外，偶而也會去鄰居家串門子。

黃金獵犬的個性多數沉穩安靜，旺財也是如此。不會亂追人，也不會無事汪汪叫個不停，可愛又親人。

旺財最喜歡和哥哥一起散步。

「伯母，散步喔！」

「汪！汪！汪！」

哥哥沿途向親友打招呼時，旺財會搖著尾巴，跟著輕汪幾聲。

「喔！恁旺財尚好命啦！」

大家都喜歡旺財這個喜氣洋洋的名字。

旺財的家人服務著雲林地區的農友，做的是病蟲害防治藥物與相關週邊商品的生意。

「藥可以防治害蟲，也可能對人造成傷害，沒有好好地的使

用，它就成了毒。」

秉持著這個信念的家人，在鄉里間很受信任，是農友們的事業好夥伴。身為大家長的旺財爸爸一直非常小心，耳提面命地告誡，無論誰都不能輕易接觸這些藥品，當然，也包括旺財。

某個夏天傍晚，就在大家都不注意時，旺財誤食農藥了！

家人很機警，不待旺財產生藥物反應，立即送他到離家最近的動物醫院檢查。

「還好你們警覺心很高，馬上把他送來。打個解毒針就好了，免煩惱啦！」醫師為旺財做了簡單治療，就讓他回家了。

家人為了他，忙亂了一上午，現在才要開始一天的工作，沒有人有空一直盯著他的行動。

擔心旺財四處亂跑，鄉間草長人稀，萬一倒在路邊也難被發現。所以就戴上牽繩來限制他的行動，就讓他在通風的屋外休息，免得又出什麼亂子。

忙碌的工作告一段落，終於得空的哥哥趕緊去看旺財的狀況。

只見旺財一直喘個不停，不放心的哥哥打電話向蔡院長諮詢。

描述著今早事件發生的經過和醫師的處置過程。這時，正在跟蔡院長通話的哥哥，突然發現大口喘氣的旺財，瞳孔怎麼好像都不動了？

一時間全家都慌了手腳：「怎麼會這樣啦？」

「剛剛醫生有說過會有這種後遺症嗎？」

眾人你一言我一語，全嚇得沒了主張。

「誰快把旺財弄上車，我們去臺中！」第一個回過神來的旺財哥哥下了指令。

雖然無法掌握彼端的旺財病因為何，但在他們直奔醫院而來的

途中，院長也要求醫護團隊們做好一切可能需要的預備。

當旺財哥哥來電告訴我們，車子已下交流道。同仁們提起早已備妥的擔架，至院門等待，把握寶貴的搶救時間。

然而旺財在到院的當下，已經沒有呼吸與心跳！

蔡醫師立刻為旺財施以心肺復甦術。已瀕死昏迷的他，情況嚴重到不需要麻醉就可以進行插管，裝上自動呼吸裝置。

經過醫療團隊一番緊急搶救，旺財終於恢復自主呼吸與心跳，清醒了！

蔡院長進一步檢查發現，旺財全身都出現了血斑、牙齦慘白，

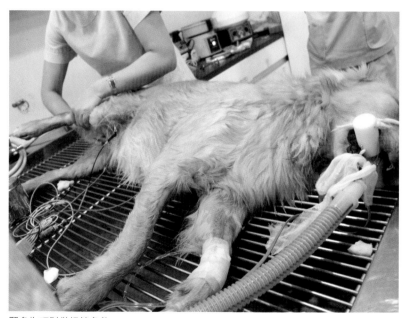

緊急為旺財做插管急救。

糞便、尿液與嘔吐物都帶血，目測判斷應該是全身出血現象。著手準備輸血之際，我們也同時幫旺財進行血液檢查，赫然發現，旺財的血液中幾乎沒有能提供凝結作用的血小板。

「旺財需要換血。」蔡醫師指揮若定。

所謂換血，就是在輸血之前，要先抽血，將體內無法凝結的血液抽出，換入等量健康血液。直到抽出與輸入各兩袋血液後，旺財終於換得了「暫時」的平安。

「是原先的醫師醫療疏失？還是解毒劑的成份有問題呢？」確定旺財沒有立即性危險，驚魂未定的家人請蔡醫師為他們解惑。

蔡院長分析造成旺財鬼門關走一遭的原由：獸醫給予中毒的旺

（上）旺財耳朵和腳上出現的出血斑。
（左）醫療團隊為旺財緊急換血。

財「阿脫品」解毒劑是正確的。但有一點很容易被忽略，那就是解毒劑的副作用之一：減少唾液分泌。

「多數人不知道唾液有散熱的功能。」蔡醫師接著說：「炎熱的天氣，唾液減少會導致散熱減弱，如果又加上中毒所引起的抽筋，更會讓中毒的旺財體溫遽升。」

原來旺財在中毒後又中暑了！

中暑會引發 DIC（瀰漫性血管內凝血），也就是一般人所知的「瀰漫性的全身出血」，病況嚴重可能會導致休克死亡，旺財正是如此。

「搶救成功並不代表旺財已經平安無事。」蔡院長告訴旺財的家人：「我們需要持續治療與觀察一星期，如果出血斑不再增加，抽血檢驗也能確認造血功能與各種血球數恢復正常，旺財才算是完全脫離險境。」

「那旺財就留下來吧！一天連續兩次驚嚇，心臟受不了，他的健康安全最重要，請你們多費心照顧他。」

經過一星期的留院觀察，旺財的出血斑沒有繼續產生，為他定期抽血檢查，各項數據亦趨正常，旺財終於在家人的陪伴下，安心出院回去雲林老家了。

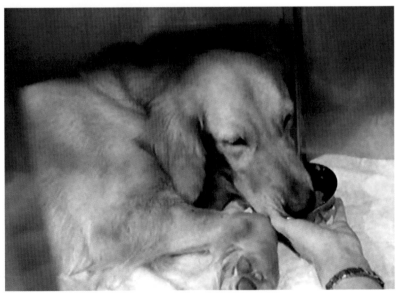

出院前旺財開心的樣子，也可以自行吃東西囉！

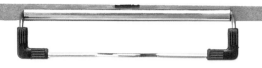

蔡院長的話

無論是人或動物，都要在麻醉下才能插管。

旺財到院時不僅失去意識，更沒有呼吸心跳，所以不得已在無麻醉狀態下插管，可想見當時的危急。

有機磷中毒引起肌肉抽筋和流口水，解毒針雖然可以解毒，但是也會讓口水分泌減少，表面看起來雖然已經沒有中毒症狀，卻可能引起更嚴重的「中暑」危險。

中毒與中暑都可能致命，而兩種致命因子同時發生時，極可能造成難以挽回的悲劇。

關於中暑，多數人的醫療觀念是：中暑會讓體溫升高，所以應該打退燒針。

這是錯誤的！

中暑時，退燒針是沒有作用的，要採用「物理性」降溫。使用酒精擦拭寵物的肚子、腋窩直至腳部，幫助降溫。

「我家沒有酒精，可用冰塊、冰水達到快速降溫的目的嗎？」

答案是：不行！

冰水會讓中暑的身體外冷內熱，更加危險。使用常溫冷水比冰水來得有效。

不能分泌口水散熱，通風不良，容易讓體溫升高，體溫超過四十度又可能引起「廣泛內血管內凝血」這種死亡率極高的併發症，不可不慎。

無論人或動物，抽出來的血液，若未加抗凝血劑，會因為血小板的作用，短時間內自動凝固。

旺財換血時，由自身抽出來那兩袋沒有血小板的血未經處理，在常溫下放置至隔天，都還是液狀，完全無法自然凝固。

完全沒有凝固的血液。

許多人會忽略完整醫療程序的重要性，誤以為救活了就是「大功告成」，殊不知，若沒有換血，未留院繼續檢測，都可能使急救成功淪為白費，枉送性命。如果不是立即為旺財換血，就算當下救活了，極可能還是會因為 DIC 所導致的全身性出血而回天乏術。

凱菲

誤食隱藏的危機！

接到英國皇家動物醫院詢問能否將凱菲的故事出版之際，凱菲正與我在家享受清閒的時光。她躺在我身旁，讓我輕輕撫摸她在午後陽光下閃耀咖啡色光澤的毛髮。當我詢問她是否願意與大家分享當年一樁樁糗事時，她眨了幾下漂亮的淺藍色眼珠，並且翻身成四腳朝天的姿勢讓我猜測她的意向，我猜那應該就是同意了吧！

凱菲

「凱菲不是我們家裡第一隻哈士奇，其實，在我們的規劃裡面，根本沒有預留她的位置。」

話雖如此，但這世上的事，又有誰能說得準呢？有幾個人能照著自己最初的想法，一成不變地生活呢？

「我真的沒料到，凱菲的影響力如此大，她的個性與嗜好，甚至可說是改變了我的人生。」

故事要從飼主家的第一隻寵物，哈士奇—巧比開始說起。

巧比是個非常活潑又聽話的乖寶寶，不但未曾令家人操心，還因為他，幫姐姐擄獲了一位帥氣男同事的心呢！

為了給巧比更好更適當的照顧，姐姐上網找了很多資料，也經常提問，分享教養心得、醫療資訊、參加網聚……更認識了許多哈士奇家族的狗友。

時日久了，也在特別投契的網友間，漸漸地培養出深厚交情。甚至有時也會相互託付狗狗寄住幾天，不知不覺中，組成了互信互愛的小團體。

在狗友 Dusty 媽媽的介紹下，四個月大的巧比由蔡醫師為他進行髖關節篩檢，很幸運的，巧比篩檢結果為「正常」。

「看到這裡有和歐美獸醫醫學中心同等級的儀器設備和手術室，我真心覺得，能到英國皇家動物醫院就診的動物們真是太幸福了！體認到蔡醫師對維護動物健康的愛心，回家後我經常在網路上

分享看診心得，並且深深認為，這的確是我們能為所愛的狗兒選擇最棒的醫院。」

對當時的姐姐和男友而言，覓得契合愛侶、有可愛的寶貝狗兒子相伴，再加上氣味相投的狗友彼此分享，這就是他們最簡單快樂的幸福生活。

二○○五年八月底，一家三口的日子有了變化。

住在高雄的狗友救援了一隻在加油站晃蕩亂吃東西，肚子肥肥的哈士奇—莎莎。

狗友原以為莎莎是個體態比較壯碩的哈士奇，怎知高雄的獸醫檢查後宣布莎莎就要當媽媽了，預估一個星期內就會生產。

醫生再三保證，大型的狗媽媽會自己生產並且自己處理，簡單檢查過後，就讓狗友把莎莎帶回家。

「如果是我自己的狗，難道我會讓她在外面自己生產嗎？」

得到訊息的姐姐非常心疼，和狗友商議後，決定將莎莎帶回新竹接生、坐月子，也願意協助後續幼犬的送養工作。

待產的莎莎沉穩聽話，是位溫馴的好媽媽。

「我看，莎莎又漂亮又乖，她的寶寶一定會遺傳到她的好樣貌和穩定性，真期待！」

細心的姐姐在家架設了 Webcam 來監控，萬一莎莎在上班時間生產，他們也能直奔回家助產。

二○○九年九月八日凌晨，莎莎生了一男二女，共三隻小幼犬。巧比姐姐升格成為凱菲媽媽啦！

她為三個小寶寶取名為 Party、小梅花和凱菲。凱菲是唯一一隻有著漂亮藍眼的小寶寶。

體型最弱小的小梅花隔天過世了。存活下來的 Party 和凱菲兄

妹情深，除了喝奶會找媽媽，其他時間不是互相打鬧就是靠著一起睡覺。

當兩隻哈士奇寶寶兩個月大，適合送養之際，狗媽媽莎莎早一步被花蓮的網友領養了。

「才兩個月大，就和媽媽分開，再將兄妹倆拆散實在太可憐了！」凱菲媽媽與男友商量後，決定留下他們。

不久，兄妹也來到醫院，接受結紮手術與髖關節檢查。

篩檢後，Party 為正常，但凱菲需要定期追蹤複檢。

可是還不到複診的日子，凱菲姐姐就打電話來約診。

「凱菲一直想吐又吐不出來。」姐姐不好意思地停頓了一下：

「我們發現家裡面的襪子少了一隻，不知道是不是被她給吃下肚了。」

為凱菲拍腹腔 X 光後，果然，裡頭有一團不明異物。

幫凱菲麻醉之後，蔡醫師以內視鏡手術，取出了臭襪子一隻！

「我們家這兩兄妹，妹妹精力旺盛沒輸給哥哥，頑皮指數更是有過之而無不及。他們一睜開眼就是開始使勁地玩耍，互咬、追逐，樂此不疲。」

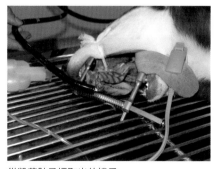

從凱菲肚子裡取出的襪子。

即使有了哥哥 Party 這個好玩伴，凱菲仍不滿足，「認識世界的奧妙」是她最熱愛的探索遊戲。「問題是，她的冒險工具不是剷子、放大鏡，而是她的『口』！」姐姐真是又氣惱又忍不住好笑。

不到一個月，又接到姐姐

的來電。

「蔡醫師，我猜這次是抹布。」

猜得沒錯，內視鏡又夾出抹布一條。

「凱菲，我們的內視鏡異物夾取器材不是專為妳預備的啊！」蔡醫師禁不住調侃凱菲。說真的，我們很少為同一隻寵物夾取兩次異物，更別說兩次事件還相隔不到一個月！

「我們真的、真的已經盡力把所有東西收好了。我還買了很多啃咬、抗憂鬱玩具給她玩。」家人急著證明清白，實在是無奈啊！百密防堵也總有疏漏之時。

「凱菲的原則是：寧可錯殺，不可錯放。不管是什麼東西，她都要用她的大鋼牙嘗試一下，味道好，口感佳，一定會吞下肚。」

「襪子、抹布的味道沒那麼好吧？」在一旁的醫護人員也忍不住好奇開口了。

「即使味道不好，她大概也想吞進去，看看好不好消化吧！」姐姐只能搖頭嘆息：「她連衛生紙也有興趣！」

那些胡亂下肚的怪東西，如果沒辦法跟著排泄物排出體外，就只能請蔡醫師出手相救。

如果有寵物界的「不擇食冒險王」比賽，相信凱菲一定能輕易登上女王寶座。凱菲這種行為真的讓家人頭疼！

最嚴重的一次，發生在凱菲七個月大，爸媽正忙著籌畫結婚大事時。

依媽媽的計畫，舉行婚禮、婚宴那幾天，要讓三隻哈士奇去度假住宿，既可讓她專心當個新嫁娘，又可以避免因為疏於照顧而發生任何意外。

「不必這麼大費周章啦！只要婚宴舉行時，委屈他們待在籠內

就行了。這樣你也不用和他們分開那麼久。」

夫家的家人們為新人倆下了這個決定。

然而就在婚宴順利結束後，家人才告訴姐姐，在婚宴前一天，慣常使用的 P 牌訓練專用的皮牽繩，被 Party 和凱菲咬壞，而且「可能有部份的牽繩被吞進肚裡了。」

新婚的喜悅一下子全被抽空。

「壞掉的牽繩在哪呢？」姐姐問。

「都被咬爛了，留著也沒用啊！我們就把它丟掉了。」

「那我們怎麼知道到底牽繩有沒被他們吞下肚？又吞了多少進去呢？」

「既然是真皮的，再多等幾天應該就會消化排泄出來了。」家人安慰姐姐別窮緊張。

「我看還是帶他們去醫院仔細檢查一下比較好。」

「不用啦！你看他們都好好的，能吃能喝很健康，沒問題的。」

不安的媽媽決定取消蜜月旅行，在家裡仔細觀察孩子們的狀態。過了三個星期以後，兄妹倆起居與健康狀況看來沒啥特殊，也讓姐姐的焦慮心情減輕了不少。

唯一異於往常的是，凱菲似乎永遠吃不飽。

Party 吃飽後就滿足地去躺著休息或者玩耍。而不管吃了多少的正餐和零食，凱菲仍會來撒嬌討食。

一個月後，媽媽與我們聯絡，安排三隻哈士奇寶貝一起做全身健康檢查。

三隻活潑的大哈士奇到院那天，醫院顯得特別地熱鬧。

巧比和 Party 首先完成檢查，蔡醫師發現他們的肺部有不正常白點。

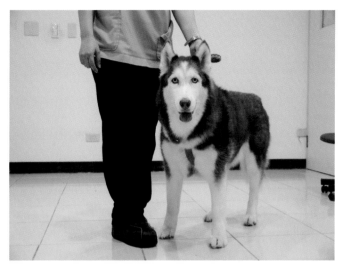
就診時看起來一切安好的凱菲。

「看來，還在檢查中的凱菲，是我們家最健康的狗狗。」媽媽心裡這麼猜測著。

蔡醫師正準備與媽媽討論巧比、Party 的後續醫療時，一旁的凱菲突然反胃，吐出了一團血。

「咦？怎麼回事？她有不舒服嗎？還是最近有再亂吃什麼嗎？」蔡醫師表情凝重的詢問。

「蔡醫師，請你務必搶救凱菲！」見到凱菲吐血，媽媽猜想情況一定非常嚴重。

「我們會幫她做詳細的檢查。你們先回想一下，凱菲可能吃了哪些東西？」蔡醫師太熟悉凱菲的習性了：「我們來釐清，看是中毒還是哪種異物，造成凱菲胃出血、腸道受傷的？」

聽了爸媽的敘述拍了 X 光後，我們看見凱蒂胃裡頭的確有一大團異物。

　　醫療團隊立即預備內視鏡異物夾取手術，希望能藉由胃鏡夾取出那團不明物。

　　「蔡醫師，凱菲是不是得開腔剖腹，才能拿出那團東西？」家人十分擔心，畢竟腹腔開刀也不是小手術。

　　「為了凱菲好，非不得已，我們先不考慮外科手術。」

　　胃鏡手術過程中，可以見到凱菲的胃壁為了消化這團異物，不斷分泌胃液，造成嚴重潰瘍、出血。

　　那團不明物十分堅固，還弄壞了要價不斐的內視鏡夾頭！於是我們從醫療備品裡取出新夾頭，再接再厲。

　　經過好一番折騰，終於順利夾取出在胃中隨著胃液、食物蠕動，卻始終無法消化，完整地捲在一起的皮牽繩。

　　猜猜看這團皮牽繩有多長？拉長後至少有 30 公分！這一大捲皮牽繩，不僅完全沒有消化，居然連邊緣都沒有受損。

　　「P 牌皮牽繩果然貴得有理，禁得住強酸腐蝕，堅固耐用。」內視鏡手術順利完成，凱菲媽媽的幽默感也回來了。

　　很快甦醒過來的凱菲打個大哈欠，展現她古靈精怪的可愛模樣。絲毫不知家人有多擔心，更不會知道，我們的內視鏡夾頭因為她壽終正寢啦！

　　事後媽媽告訴我們：「看到凱菲吐血，我好緊張，但又有一種心安的感覺。」

　　好複雜的情緒。

從凱菲肚子裡取出的皮項圈。

「雖然不知道凱菲究竟是怎麼了，幸好我們都已經來到英國皇家動物醫院，」她堅定的說：「我相信，無論多嚴重，蔡醫師和醫療團隊都會為凱菲做最好的處理。」

她為自己決定來健檢的選擇感到十分安慰，也有鬆了一口氣的感覺。

返家休養後的凱菲，很快就恢復到活蹦亂跳的樣貌，而自責未能好好照顧她的爸媽，更體認到，養育狗寶貝就和養人類孩子一樣重要。除了提供健康食物和陪伴玩耍外，也要隨時注意養育環境中任何可能會危害他們健康的物品。

他們希望自己能不特別限制凱菲喜愛嘗試的冒險性格，又能同時兼顧安全。於是開始接觸 Clicker Training（響片訓練），期盼給予凱菲更多正向訓練，紓解過多的精力和生活在城市中的壓力。

原本是一般上班族的媽媽，專注投入學習，得到許多讚賞嘉許，愈是鑽研愈有心得，最後決定成為專業的訓練師！

「我知道，狗狗能夠帶給我們許多難以言喻的安慰與快樂，但我未曾想過會因為凱菲，改變了我的職業，更改變了我們的生命！」

蔡院長的話

當家裡有物品遺失時，千萬別大意！

當你確知寵物吃下異物時，也請別等待他嘔吐、精神萎靡才就醫。

你給的觀察時間，只會提供異物更充份的時間，去刺激、刮傷、刺穿食道、腸道與胃壁，導致潰瘍、穿孔，甚至更大的傷害。

一條堅實的真皮皮帶，都可以在狗兒的胃裡自在存活一個月，讓胃壁傷痕累累。直至吐血前，狗狗都沒有表現出絲毫不適的表徵，這就是飼主不該輕易小看誤食會造成傷害的最好證明！

幾米

沒有標準答案的抉擇！

米媽問米拔:「後不後悔馬上決定手術？真的不用回家想一下嗎？」米拔說:「我後悔沒及早帶幾小米來找蔡醫師,如果我們可以在第一次照 X 光時就來找他就好了!」

幾米

大頭幾米來頭不小，他可是網路上的黃金名犬呢！

幾米的媽媽在網路部落格中分享家有黃金的點點滴滴，筆耕四、五年。除了記錄了幾米與家人互動的趣聞糗事，也包括了出遊分享、如何自製狗狗餐點零食以及就醫心情等。

媽媽的部落格擁有點閱率超過百萬的高人氣，寶貝兒子幾米也就順勢成了黃金獵犬界的閃亮小明星啦！

因為無可救藥地愛上黃金犬的憨直可愛，媽媽、把拔早早開始作功課，也特別留意到黃金獵犬的好發疾病—「髖關節發育不全症」，又稱「髖關節結構不良症」（Canine Hip Dysplasia 簡稱 CHD）。

在挑選狗兒時，還特地找了所謂的冠軍犬。並認定幾米肯定遺傳了冠軍爸爸的聰明體健，以及樣樣頂尖的特質。

活潑的幾米。

「同事都笑我，簡直是『愛到不可自拔』的地步。」幾米媽媽在家裡架起了視訊連線，經常趁工作空檔，上網看看幾米在做什麼。看著他可愛的模樣，撫慰了工作時的瑣碎煩燥，

心情也跟著好了起來。

雖然心中先認定冠軍寶寶的健康無虞，但細心的爸媽還是在幾米五個月大時，進行了 CHD 篩選。

醫師觸診後拍 X 光，判讀證實幾米左腳確實患了 CHD。

「他的狀況還很輕微，先吃藥看看，兩個月後再追蹤有無惡化。」醫師如此建議。

「真希望醫師誤判，幾米還沒滿五個月，骨骼還在發育中，等他大一點，就會正常的。」家人這麼期盼著，但還是努力的上網找資料，一一拜讀網友經驗、專業醫師文章，開始瞭解什麼是 CHD。

查的資料愈多反而更叫人心慌。

幾米走路外八，屁股也總是一扭一扭的，跑步時會兔子跳，會駝背，也非常容易累。「原來，這幾個月來，那些我們覺得好可愛的動作，或以為長大了就會改變的行為，其實都是在告訴我們，幾米的行為徵兆都與 CHD 相符！」

網友們轉貼吃鈣粉、爬樓梯、光滑地板跑跳，這些可能加速惡化的錯誤資訊，幾米也一樣不少地做了！

於是在看過醫師後，幾米開始接受醫師建議的保守療法，吃藥加上行為控制。

家人每天餵幾米吃軟骨素和葡萄糖胺，也在房間舖上止滑墊。

住在沒有電梯的三樓。家人得輪流當米少爺的人肉電梯，抱著他上下樓。

減少外出次數。可以散步，但不讓他跟別的狗狗玩。

為了增強肌肉，特別在頂樓設置充氣泳池，每到假日就是幾米的游泳復健日。

「要求才不滿半歲的小黃金限制活動，這不行、那不能的，現

在回想起來，簡直是要命地不人道啊！」

遺憾的是，保守療法顯然未在幾米身上奏效。

很快地，不需仔細留心都能聽到幾米的關節滑動發出「喀喀」聲。幾米的左腳也痛到不敢用力，不是三腳站立就是只敢輕微點地。某個週日黃昏外出散步時，才出門不到五分鐘，幾米就趴在大馬路中央，動也不動，不肯走了。

心慌的爸媽草草地結束肌肉鍛鍊的計畫，趕緊帶他回家，立即聯絡蔡醫師預約了星期五早上的門診時間。

這段時間，幾米媽忙著與網路上有 CHD 毛小孩的飼主聯繫。

厚著臉皮打電話、寫信給素昧平生的網友，為的是多取得一些資訊，更想知道，這近一個月來，人狗全力投入的保守療法到底出了什麼問題？為什麼會惡化的這麼快？

星期五一大早，當多數人還在睡夢中時，以為要出遊的幾米，已經穿上胸背帶，和家人一起興高采烈的出門了。

「希望是白擔心一場。」

「說不定檢查完我們一家三口還可以來個半日遊。」

「萬一……，要選擇手術嗎？」

「要選擇哪一種手術呢？」

不安焦慮並沒有隨著沿途景色往後退，離醫院愈近，爸媽的思緒就愈雜亂，完全理不出頭緒來。

抵達醫院，幾米以為要外出遊玩的興奮，仍無法戰勝疼痛，家人只得以胸背帶拖著他走。

看到幾小米搖晃的屁股，爸媽的心又痛了。

蔡醫師邊觸診邊問診，以氣體麻醉後，為幾米拍攝 X 光。

X 光片出來，爸媽以聽判的心情面對結果。

「兩腳都很嚴重。」蔡醫師說。

「什麼！不是只有左腳嗎？而且不是輕微嗎？」

「不過才短短一個月的時間，怎麼會從輕微變成嚴重，要怎麼辦？」

蔡醫生說，以 X 光片來看，幾小米的雙腳都很嚴重，但是左腳比右腳又更嚴重，如果再晚兩個禮拜，說不定就不能動手術了。

才見到 X 光，眼淚就已經在眼眶裡打轉的米媽，一聽到蔡醫師的「宣判」，眼淚就掉了下來。

「我好殘忍，不想接受事實的駝鳥心態，害得幾米多痛了這麼久，真的好心疼、好心疼。」

「幾小米還未滿六個月，可以幫他動 JPS 手術嗎？」

「不行，JPS 是一種預防性的手術，以幾米的狀況，只能施行 TPO 或人工關節手術。」

「可以吃藥治好嗎？」

「所謂的 CHD 藥品，其實大多都只是含軟骨素、葡萄糖胺或其他營養品，作用只是增加骨頭的潤滑，可能會有止痛的效果，但不是修護骨頭，已經被磨損掉的骨頭是不會再長出來的，當補充的速度跟不上磨損的速度，就只會繼續不斷的惡化，根本無法改善他的狀況，只會讓他愈來愈痛而已。」

蔡醫師耐心地回答幾米爸媽更多 CHD 的相關問題，如：手術會怎麼做，該住院多久，返家後的注意事項等。也留了時間，讓家人好好考慮想要怎麼做。

手術的費用與術後的照顧都是不小的負擔，但愛他的家人，還是希望蔡醫師為幾米的兩隻腳動刀。

蔡醫師反倒建議他們，先為左腳做手術矯正，若幾米有三隻健

康的腳，右腳惡化的機率就會降低很多，先不急著現在決定。

返家的路上，米媽問米拔：「後不後悔馬上決定手術，真的不用回家想一下嗎？」

米拔說：「我很後悔，後悔沒及早帶幾小米來找蔡醫師，如果我們可以在第一次照 X 光時就來找他就好了！現在想想，我們好久沒見到幾小米笑了！」

兩人回想起，小時候逢人就笑，總是熱烈歡迎家人、訪客的幾米，近來只會乖乖地趴著，面無表情的看著家人。

原來是因為他一直在忍著痛！

直到接到醫院的電話，知道幾米手術成功，兩人心中的大石放下了。

短短的兩個星期對家人來說真是無比漫長。與其陷入相思難忍，不如轉移注意力，趕緊著手預備未來復健的配備。

除了準備超大泳池、膠床、巧拼地板、乾洗劑等。兩人也把幾米的籠子重新規劃成適合「靜養」的空間。

終於到了幾米出院的日子。

「幾米瘦了一圈。」家人很不捨。

「就是該瘦一點，才能減輕腳的負擔。」

蔡醫師詳細地說明回家後該如何照顧他，因為對狗狗而言，術後復健的重要性，不低於手術本身，甚至更為重要。術後復健做得好，才能達到開刀的目的，也才能讓狗狗日後恢復的更好。

為了讓這一刀挨得有價值，要能確實狠下心，將幾米當「犯人」對待，這才是真的對他好。

三個月後，到了拆骨板的日子。

拍完 X 光出來，蔡醫師說：「不錯，骨頭癒合的很好，包覆角

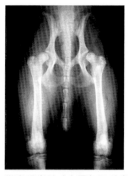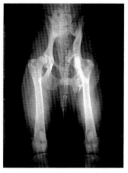

幾米手術前（左圖）和手術後（右圖）的 X 光片比較。

度也比之前的更好。」家人鬆了一口氣，兩個月來的辛苦是值得的。

直到今天，幾米已經十多歲了，每年都有定期健康檢查，除了術後復健成效良好，左腳能健康跑跳自如，右腳的退化程度也在控制中，目前沒有進一步治療的需要。

網路常有人針對保守療法與積極治療各執立場大打筆戰，以下是幾米媽媽的分享：

我希望幾小米可以快快樂樂的跑跳，而不是坐一輩子的監獄。

保守療法最重要的就是限制狗狗的活動，因為狗狗有可能因為任何的激烈運動而再度傷害到他們的腳，加速惡化。

我知道我捨不得限制他一輩子，而藥物對身體的傷害，又是無法預期的。如果因為這樣而縮短他們的壽命，我一輩子都無法原諒我自己，所以我選擇手術。

若再讓我重新選擇一次，我還是會讓他選擇手術，因為重新看到他快樂地跑，比給我全世界，還讓

手術後，幾米也可開心快樂地跑和玩耍。

我快樂。

為了他的笑容，即使必須面對手術的痛苦，我都可以陪他一起撐過來。

因為這樣的喜悅，是值得的⋯⋯

幾米手術後，可以快樂出遊不會疼痛，跟小主人也有開心的互動。

蔡院長的話

我常常告誡飼主：

「狗狗乖，不一定是真乖，有可能是因為他很痛，痛得不能動。」

未成年，尤其是一歲以下的狗兒，活潑好動是天性，如果太過沉穩安靜，反而是不正常的表現。一般人誤以為 CHD 是大型狗專屬疾病，這是錯誤的。中、小型狗也可能會有此問題。

若是擔心狗狗患髖關節發育不全症（Canine Hip Dysplasia 簡稱 CHD），四個月大後即可接受篩檢。

篩檢結果若為陽性，則 CHD 手術治療可分為：

1、股骨頭頸切除手術 （Femoral Head and Neck Osteoectomy）

2、三處骨盆骨切開手術（Tri-pelvic Osteotomy）

3、人工關節置換 （Total Hip Replacement）

4、恥骨吻合術 （Juvenile Pubic Symphysiodesis）

專業醫師會依個別徵狀給予不同的醫療建議。

若想更深入了解，歡迎上本院官網查詢。

Chapter9

黑噗

不要輕言放棄！

一場突如其來的車禍，讓米克斯黑噗的大腿骨斷了。一個半月，五次手術。原先單純的骨折惡化成粉碎性骨折，黑噗的大腿嚴重萎縮，僅剩一條功能正常的神經，更從原本的 18 公斤直落到 12 公斤，根根分明的肋骨更突顯憔悴瘦弱。「有截肢的可能嗎？」面對家人的疑問，蔡院長說：「我『沒有』想過這個選項，黑噗會用四隻腳走出醫院的。」

黑嘰

因為朋友家的米克斯狗狗生了窩小狗，於是爸爸徵得家人同意，就把兩個月大的黑嘰帶回家了。

小女兒立刻自告奮勇，爭取成為小小訓練師，聰明的小黑嘰，一下子就從小老師那裡學會了坐下、趴下、握手。

黑嘰很愛撒嬌，每當大家的注意力都在電視螢幕時，他一定會不甘寂寞地把頭放在家人的腿上，逼著家人一邊看電視，一邊按摩他的背才行！小黑嘰沿襲土狗媽媽的習性，不愛在家裡上廁所，大小便都習慣到住家對面不遠處的草叢解決。

某一年的二月，清晨五點，見到早起的阿嬤，黑嘰站在門口搖尾巴，捨不得讓黑嘰繼續忍著，雖然外頭天還沒全亮，阿嬤還是帶著他去解放。阿嬤在前，黑嘰就跟在後頭兩三步，豈料突然有輛車開了過來，只聽黑嘰哀叫了一聲，而那輛車也開遠了。

黑嘰被車撞到左後腿了。受傷的腳抬得高高的，疼得不敢放下來，只得邊走邊跳回家，受傷的腿一下子就腫了起來。

苦等到獸醫院開門，醫生先拍了 X 光，確定是大腿骨單純性骨折。

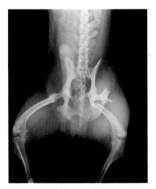

最初的單純性骨折。

【第一次手術】

「他這個狀況，可以開刀，也可以選擇讓骨頭自然癒合，我先打消炎止痛的藥，你們回家再想想，看接下來想怎麼做。」

打過針的黑嘆跟著家人離開醫院了。

「開刀會不會危險？」

「等他自然癒合，這樣不就要痛很久？」

雖然害怕種種可能的風險，但更希望能減輕黑嘆的不舒服，家人隔天就帶著他回醫院開刀了。

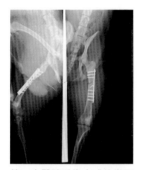

第一家醫院手術完成後當天拍的 X 光影像

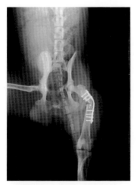

骨板扭曲，手術失敗。

「手術結束了，你們晚一點就可以來看他。」醫生通知家人開刀完成。

稍晚得空去探病時，發現黑嘆沒辦法起身，一副昏昏沉沉的模樣。

「麻醉還沒退，這樣很正常。」醫生如此回答。

一個星期後，醫院來電，通知家人可以來帶黑嘆回家了。

「醫生，黑嘆的腳怎麼還是好腫？」

「沒問題，這是正常的。」

家人不放心，堅持要拍 X 光再確定。

片子出來，骨板彎掉了。證實手術是失敗的。

「醫生，現在應該怎麼辦？」家人焦急地問。

「唉呀！不用再開了，跛腳也不會影響他的生活啊！」沒想到醫生竟然這麼建議。

「先不要讓他出院好了，我們再想一想。」

爸爸問了其他醫生的建議，一致意見都是：「再開一次刀。」

【第二次手術】

於是黑嘆又進了手術房。

四天後，醫院通知可以返家，但爸媽覺得比第一次手術的復原還差，再照 X 光，發現原本的骨板沒有更新，只是敲平而已，而且上頭固定的螺絲鬆掉了。

在等待第二次手術結果的四天裡，心慌的媽媽上網查了許多資料，也問了各方意見，雖還沒決定要轉往哪一家醫院，但已告知醫師，確定接黑嘆轉院。

沒想到，這次換醫生強烈建議他們再多加考慮一下，明天再來接黑嘆。

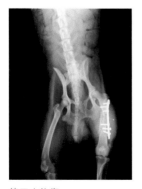

第三次修復。

【第三次手術】

正當家人要接出黑嘆，打算轉至他院時，醫師拿出新的 X 光片說：「我幫他開刀更換比較大、比較粗的骨板了。留下來住院吧！」

居然在沒徵得飼主的同意下又開了一次刀，但木已成舟又能如何？

日子一天一天過去，三月底結清費用，要從醫院帶回黑嘆時，他的腳還是沒放下，醫生說現在還會痛，但以後會好的，也不用再照 X 光了。

才一個月的時間，黑嘆的體重就直線下降，從車禍前的 18 公斤，瘦到只剩 12 公斤。少了三分之一的肉，皮膚下的骨頭一根根

分明而突兀，腿也嚴重萎縮，真令人心碎。

為了避免再次傷害，返家的黑噗得限制行動，只能關在籠裡。

三四天後，阿嬤發現，總是懶洋洋的黑噗，大腿上有一個很奇怪、亮亮的突出物，於是又帶他到另一家醫院求診。

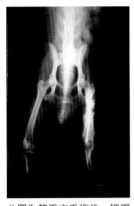

此圖為第五次手術後，把鋼釘敲進去。

【第五次手術】

（你沒看錯，但第四次呢？）

醫生說：骨釘跑出來了，要動手術把露出體外的骨釘剪掉，敲回去。

黑噗又住院十多天。出院時，醫生說：「不用照 X 光了，這條腿廢了，這樣處理已是極限，你們也不要再在他身上花錢了，土狗的生命力很強，即使是三條腿也能適應得很好。」

「養狗難道只是為了虛榮心嗎？名犬要救，土狗就無所謂嗎？黑噗是我們的家人啊！」

頻繁進出醫院的家人，此時已完全絕望，更無心思和醫生爭論，只希望能解決黑噗的痛就好，真的不忍心讓他再受任何苦了！

然而，現實卻是：連這麼一點點的期待，都變成了苛求。

大小便成了黑噗最痛苦的時刻，難忍疼痛的他，眼淚一滴滴的掉，在一旁的家人也跟著掉淚，心更是淌著血！

再帶到第三家醫院，進行 X 光檢查，在一個月內，看了好多術前術後片子的爸爸跟醫生說：你是不是拿錯了？這不是黑噗的片子，他沒打過骨髓內鋼釘。

醫生說：「今天開門到現在，只拍了他，不可能錯。」

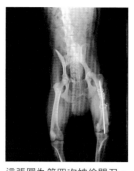
這張圖為第四次被偷開刀，從骨板固定手術變成骨髓內鋼釘手術。

【第四次手術】

原來，這就是第三次手術離院時，醫生說不需再拍 X 光的原因。

黑嘆不只在未經同意下，做了第三次手術，還被偷開了第四次刀！

「別再救了，截肢吧！這是最好的選擇。」第三家醫生勸爸媽。

原來只是單純性骨折，到底為什麼會變成這樣？

「黑嘆是怎麼承受住一個多月被開五次手術的折磨的？」家人自責又痛悔，從受傷至今，媽媽和阿嬤因為操心黑嘆，兩人合計也瘦了十幾公斤。

「一定有辦法醫黑嘆，只是我們沒遇到這樣的醫生。」

此時唯一支持他們信念是：要為黑嘆堅持到底。

媽媽想起了在查尋網路資訊時，英國皇家動物醫院的骨科手術令他印象深刻，詢問了醫生的意見後，決定北上求醫，給黑嘆最後一次機會。

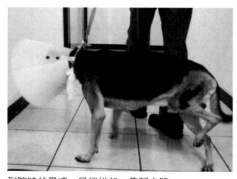
到院時的黑嘆，只能拱起一隻腳走路。

媽媽哭著敘述短短一個多月發生的長篇故事，字字句句，都夾雜著家人與黑嘆的血淚。

「在他沒受傷前，我們都沒查覺，跟黑嘆的感情這麼深，我們真的好愛他，請你一定要救他！」

蔡院長看了黑嘆所有的 X 光片，發現在第三次手術時，黑嘆已從單純性骨折，變成了粉碎性骨折。

「還有希望修復嗎？」媽媽怯怯地問，不知道蔡院長會給出什麼答案。

蔡院長仔細做了檢查：「黑嘆還有一條神經是正常的，我有八成的把握。」

「有截肢的可能嗎？」媽媽兩手扭握，診間氣氛異常凝重。

「我『沒有』想過這個選項。」

情緒已達臨界的媽媽，無法克制地大哭。這是唯一與家人的心願相同的專業意見。

「他這麼瘦弱，真的還能承受第六次手術嗎？」

「我們的手術規格與人醫相同，絕對可以給黑嘆最好的醫療品質。」我們向家人深入介紹無菌手術室的意義、氣體麻醉、專人麻醉監視的安全性，每次手術至少有五至六人的醫療團隊全程投入，再加上過往成功病例的說明，家人終於放心，讓黑嘆留下來了。

從 X 光影像檢查發現，經過五次手術，黑嘆兩邊大腿骨的長短落差竟達 6 公分。也可判斷出，手術處骨頭已壞死，必需取出。

蔡醫師率領醫療團隊，為黑嘆進行自體骨頭移植手術。從體內

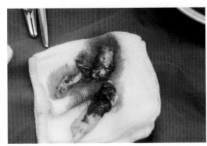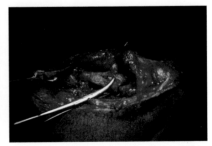

先取出因感染化膿壞死的骨頭（左圖），再由自體移植骨頭填補因感染缺損的部分（右圖）

另取一塊 5 公分的骨頭，填補落差。

手術結束後我們立即去電，告知家人黑嘆的狀況，請他們放心。氣體麻醉在麻醉醫師的監視下，黑嘆很快地甦醒，精神狀況良好。術後繼續給予嗎啡止痛也是我們的標準程序之一。黑嘆不用忍受疼痛，在院裡可以得到充份休息，好好地休養。一個星期後的第一次探病，黑嘆的腳沒有抬起，已經能放下來碰地了。

「真的會復原？」許久不見黑嘆四腳踏地的媽媽，覺得這一幕像夢那般的美好，卻又不真實。

「我一定會讓黑嘆用四隻腳走出英國皇家的。」蔡院長說。

因為住得遠，沒辦法經常探病，住院醫師幾乎每日向媽媽報告黑嘆的進步。醫院同事也為黑嘆製作了影片上傳網路，讓家人不只聽口述，也能看看黑嘆的影像。第一次上傳的影片，可以見到黑嘆復健時，十步中，已有兩三步能以四腳行走。媽媽和小女兒在電腦前興奮得又叫又哭又跳，對著螢幕裡黑嘆直說：「你好棒！」

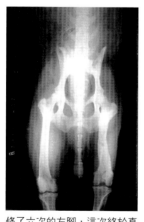

修了六次的左腳，這次終於真正復原了。

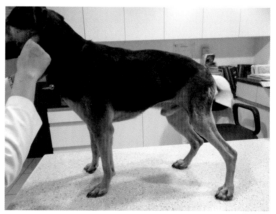

出院時的黑嘆，四隻腳都能著地走路了。

黑噗現在如何了？

黑噗變胖了，撒嬌指數也破表。爸媽在床下舖了他專屬的小床，這還不夠，每晚都得媽媽拍拍他，他才肯睡。

你是問他的腳？

黑噗的鋼釘、骨板全拆了，他會自己推開紗門，跳上車去兜風，再到公園散步奔跑玩樂，上下樓也是連跑帶跳的。

用幾隻腳？

當然是四隻腳囉！

鄰居對長短腳、瘦弱的黑噗印象深印。再見到變胖、變漂亮、能跑、能跳的黑噗時，不敢置信地問媽媽：「這是黑噗嗎？」

（可能心想都在猜黑噗是另一條長得相似的狗）。

「他是怎麼『變』好的？」

變？

「是英國皇家的神奇魔法給『變』好的！」媽媽笑了。

現在的黑噗，能正常跑跳囉！

蔡院長的話

　　骨折有時會因為種種因素而無法修復，但在此臨床病例卻發現，縱然有一大截骨頭壞死，也有機會修復。每一家醫院可給予的治療程度不盡相同，為免造成您與寵物的遺憾，當您要為寵物做出重大決定與取捨時，請務必多尋求其他院所的意見，不要輕易選擇犧牲肢體，甚至安樂死。現今的動物醫學已經和人類醫學相近，人可以做到的，醫療動物也幾乎可以，重點在於是否找對醫院。

　　我曾在一次國際性醫療研討會提出黑嘆的病例分享，中場休息時，上一場的兩位日本講師特別請會務人員安排，與我討論此一病例。

　　日籍醫師非常好奇，表示他們未曾聽聞相似手術。看見術後恢原的 X 光影像，移植的骨頭與原本的骨頭接合得渾然天成，更加激賞此一高難度手術的成功。對於臺灣的動物醫療能達此一專業境界感到驚喜敬佩。

薯條

努力撐過長時間的復健期！

原本以為是中暑打點滴漏針，竟然演變成皮膚大面積潰爛、傷口感染、敗血症！「薯條早就已經是家庭的一份子，全家福的拼圖裡，少了他這一片，如何能完整呢？」

看蔡院長如何率領醫療團隊為狗狗進行皮膚移植！專業動物醫療肯定讓你嘖嘖驚嘆！

薯條

「他就是一隻這麼特別的狗。哦不⋯⋯不應該說他是一隻狗，因為他已經是我們家的一份子，我們都把他當成人來看待，他自己也覺得他是個人（大笑）！」

「我們本來想養拉不拉多或黃金，那種大隻、又有安全感的狗，最後卻養了小瓜條！」薯條家的哥哥說。

因為有好遺傳，哥哥一家子全是高瘦體質，想來想去，認真地評估和考慮，拉拉和黃金雖然很可愛，但長大後家裡大概沒人拉得動，說不定還會被拖著跑！

單單想像那情景，就覺得超糗的！

「所以只好面對現實，養大狗的計畫，只能就此作罷啦！」哥哥苦笑著說。

適巧媽媽見到住家附近寵物店，有一隻乖巧可愛的瑪爾濟斯，返家與家人商量妥當，打算出門用過午餐，就一塊兒去接他回家。

那天吃的是麥當勞，桌上的薯條是大家的最愛，談笑間一根根吃下肚，一下子全吃光了！

「我們的新狗狗可不可以就取名薯條？」

這個點子立刻獲得全家一致的同意。

沒想到，就在一夥人興高采烈地邊吃飯，邊討論取名字、計畫怎麼分工的當兒，小瑪爾被別人帶走了！

傻眼看著原先住著瑪爾的小空房，大家面面相覷沒了主張。

　　忽地聽見有個小爪子搔抓與響亮的吠叫聲，家人才注意到，隔壁房住著一隻可愛的小臘腸。牠咕嚕嚕的圓圓大眼，不住地瞧著這群略顯慌亂失措的「人類」。

　　「我們看他吐著舌頭，跳來跳去，那無邪又機靈的模樣，似乎想逗我們兒開心，想跟我們玩的樣子。」

　　「摸摸他，他很高興，還一直舔我的手。」

　　「我們養他吧！」哥哥不假思索地脫口而出。

　　一旁的家人也有相同的默契，正要開口時卻讓哥哥搶了先機，立刻點頭贊成。

　　「汪！汪！」就連小臘腸都為自己發聲，好像在說：「選我！選我！」

　　既然無人投反對票，這件事就這麼定案啦！

　　「還是要取名薯條嗎？」

　　「那當然！你們不覺得他長得長長的，比馬爾濟斯更適合這個名字嗎？」

　　有人說，聰明的狗兒會自己挑飼主。也有人說，什麼人養什麼狗，都是緣份。

　　「迎接薯條加入我們家，是他自己主動出擊，開啟我們美好的緣份。」

　　某個好天氣的下午，家人帶著薯條一塊兒到內湖河濱公園，想讓條條（薯條的暱稱）去那裡的草地跑跑，也可以認識其他狗朋友，交際一下。

　　活潑的薯條玩得可開心了！更不忘展現「交際草」的本事，又玩又跳又會撒嬌，不僅吸引了新朋友，也很會「挑逗」其他狗友，惹得路人直讚他「好可愛！」

　　玩耍後的隔天一早，不知為什麼，薯條反常地躲在沙發底下，好像很不舒服的樣子。沒一下子就開始吐個不停，這下子可不得了了，一定得帶去讓醫生檢查。

　　那時還早，很多動物醫院都還沒開門，家人只好帶他到住家附近的動物醫院檢查。

　　「現在想來，那真是錯誤的開始。」事隔多年，哥哥還是忍不住懊惱當初的選擇。

　　「他是中暑囉！留著打點滴，晚上再來接他就可以了。」醫生看診後這麼告訴家人。

　　「可能是昨天在公園玩得太瘋了，所以中暑了。」看醫生說得如此輕鬆，家人也覺得應該是中暑沒錯。

　　哥哥趁上班的空檔查了一下中暑的症狀，

　　「真怪，薯條都不符合中暑該有的表現啊？？」

　　憋了一日，滿肚狐疑的哥哥，打算下班後順道去接薯條出院，心中也盤算著，如果狀況沒有改善，還是再帶去別家院所看看比較安心。

　　「啊！條條的胸腔及右手怎麼整個都水腫了？」

　　「可能是點滴沒打進血管裡，沒關係，再觀察看看，晚點應該會好一點。」

　　「觀察看看？不必了，請立刻讓他出院。」哥哥又心疼又氣，是不是一整天都沒有人來查看薯條的狀況？否則怎麼打漏針都沒人查覺？

　　到了另一家醫院求診，醫生診斷是胰臟發炎。薯條又接著以胰臟發炎用藥，治療了三天。

　　第四天開始發現條條的身上有不斷的血水滲出。

又隔了一天，發現當初打漏針的右手和胸部腹部已經出現大面積潰爛。

「抱歉！我們沒有能力照顧和治療薯條了。」醫生無奈的搖頭，像是宣告薯條判定死刑。

搞不清楚發生啥事的薯條，精神萎靡又無助地站在治療台上。

「我第一次了解小說裡說的『心如刀割的那股子痛』，是什麼感覺了。」哥哥說。

「醫生放棄，但我們不能放棄！」這是全家人的共識。

「薯條早已是家庭的一份子，全家福的拼圖裡，少了他這一片，如何能完整呢？」分頭向親友詢問，上網收集各種資訊，祈盼能為薯條尋找生機。

終於在網路上得知，臺北的陳潮禮醫師是動物皮膚科領域的專業權威。抱著最後一絲希望的心情前往陳醫師的診所求診。

「這已經超出皮膚專科範疇，要從外科醫療著手了。」陳醫師看到條條的狀況後說。熱心的陳醫師立即協助接洽，安排薯條轉診到英國皇家動物醫院。

蔡醫師發現，薯條因為感染，打點滴的右前腳，自頸部向下延伸到腹部，直至鼠蹊部的皮膚，全部都潰爛了。

「我們可以取用他背部健康的皮膚，來重建他受感染、潰爛的部位，這需要多次手術才能完成。」蔡醫師建議以自體皮膚移植來治療薯條。

在家人的首肯下，兩個月內，蔡醫師進行了三次皮膚移植與骨外鋼釘手術。因為傷口感染，已經造成嚴重敗血症，要將薯條大面積傷口重建、復原，著實不易。

先進行清創與植皮，務必要讓背部的健康皮膚，能與受傷處的

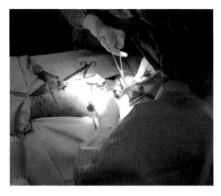

進行多次手術的薯條，上圖為第三次手術後的狀況。

肌肉連合。

右腳更因為擔心關節活動，造成造成新皮膚壞死、無法癒合，所以得以骨外鋼釘給予固定。同時以抗生素治療嚴重的敗血症。

皮膚的問題解決了，但是受傷過度嚴重的右前肢，到院時已傷及肌肉，無法完全恢復正常，但他已能出院返家了。

當手術順利完成，病情也獲得改善與控制後，接下來就得由家屬們接手了。

對醫療人員與飼主而言，出院也是另一個挑戰的開始。我們常常教育飼主，術後返家休養，家人要能夠「動心忍性」，耐心與狠心兼俱，才能好好地照顧狗狗。

沒有耐心，就容易對餵藥、清理傷口、換藥這類繁瑣的照護工作感到厭煩，讓原本已趨向好轉的病況惡化。不夠狠心，就容易屈服於狗狗的哀嚎聲，將防止舔咬傷口的頭套取下，或無法堅持限制活動，放任狗兒跑跳，帶來二次傷害，甚至感染。

令人安慰的是，家人陪著薯條一起，勇敢地投入與傷口長期對抗的戰役。

飯前中藥，飯後西藥，每日早晚各吃一次。這還算小事。

為了復健，不能過於放任他自由行動，某些劇烈活動、外出行程都要暫停。當他不想動時，又得強迫他緩步運動復健，總令家人心有不忍，想盡辦法安撫他。

這些過程都得付出極大的愛心與耐心。

最痛苦的是，植皮的皮膚會有不舒適感，想去舔、甚至想咬植皮重建之處都是狗狗們難以自抑的自然反應。為了保護植皮後傷口復原與右前肢復健，薯條一整年都得帶著頭套。

可以想像他有多討厭那個像支喇叭，阻礙視線，造成行動不便，卻美其名為「伊莉莎白項圈」的頭套。很多飼主會因為受不了狗狗可憐兮兮的哀叫聲，常常不聽醫囑，就提前把頭套給拿掉。薯條的家人真的很不簡單，為了薯條的復健，可以堅持到底。

多年過去，除了右前肢纖細無力，導致稍有跛行外，薯條一切平安健康。

「我們曾經一度非常的自責，因為條條沒有能力決定他要給哪個醫生看，是我們幫他決定的。每次看到他不能像其他的狗狗那樣快樂無顧忌的玩耍時，會感到難過。但是條條能平安的歸來，已是天大的恩惠。」

「我們一家人現在更加倍的愛護他，條條應該感到很幸福。雖然，每次想起他經歷的這一切時，感到很心疼不捨。但是，我們希望能用最多的愛陪伴他照顧他過每一天。」

五年後的現在，薯條還是跟小時候一樣活潑，好客又好吃。

每天纏著家人陪他玩玩具，至少得一個小時，否則難以罷休。客人來時不改人來瘋的好客精神，總是激動歡迎。貪吃的好胃口絲毫未變。

只是行動並非絕對的方便，出門時家人都會用娃娃車帶著牠。

「薯條的脾氣有愈來愈差的跡象。常會兇家人、兇路上的狗狗。極度不爽時甚至會咬我們。」

雖是口吐抱怨，哥哥臉上卻滿是愛憐、心疼。

薯條遭受此巨變後能平安地重回家庭，家人十分珍惜，除了包容，甚至也多了些許的寵溺。

「老天就是這樣，總會安排一些事情，讓人在人生中有所學習及成長，條條的事情讓我們體會到，要好好的去珍惜現在所擁有的，以及面對困難和難關時，勇氣和信心的重要！」

我們相信，這是對薯條，對這整件事，最美善的結語。

想想當我們所心愛的人，對自己露出開心的笑容，那是多麼讓人感動的事呢？

康復準備出院的薯條。

蔡院長的話

潰爛的皮膚，會不斷地滲流血水，讓大量蛋白質流失、電解質失衡，造成敗血症、體液不平衡而死亡。大面積的皮膚重建不適合使用人工皮膚，因此採用自體皮膚移植。

自體皮膚移植聽來很艱澀，若用人類拉皮的觀念來想像與說明，應該更容易理解。動物的皮膚和人類一樣，具有彈性，取下一部份後，不會影響健康。

雖然手術困難度較高，但相對能減少對人工皮膚排斥而產生的種種問題。動物醫療和人類一樣，不是每次手術就可以一次解決問題，皮膚大面積的潰爛和人的燒燙傷一樣需要時間和多次手術修復。

（左）術前 （右）第二次手術

　　經常聽說飼主用皮下輸液為寵物補充水分治療慢性腎衰竭，如果消毒不夠確實徹底，將會有相同的慘劇發生，值得注意。

　　此病例，即使失去了大半皮膚，若飼主願意給予醫療團隊信任，是有機會治癒的。更顯見我們的醫療專業已臻成熟，與歐美國家相比也毫不遜色。

ㄚ肥

陪你到永遠！

因為ㄚ肥，開啟了兩個人加五隻兔寶寶，
一家七口的甜蜜組合。又兇又肥的ㄚ肥
是兔老大，是媒人，是和事佬，是老師，
更是最甜蜜的負擔。以為罹癌ㄚ肥的生
命將走到盡頭時，一位好心陌生人的建
議改變了一切……

ㄚ肥

「其實對妳，我最喜歡的就是看到妳的笑容，哪怕是妳在損我而開心的笑！

這些年來妳照顧了我很多，也付出了不少！

而我所能給妳的就是我可以為妳的笑容而付出一切！

不管妳做什麼決定，我的回答只有那一句：妳開心就好！

因為我真的希望妳可以天天都沒有任何煩惱，

要記得我們的約定，配偶欄一輩子都會是對方的名字，

而妳跟所有的小孩都是我最甜蜜的負擔。」

這是ㄚ肥把拔在網路上獻給麻麻的「閃文」。

別誤會，新婚的他們還沒有生寶寶的計畫，「所有的小孩」是在婚前交往時就飼養的兔寶寶們！

ㄚ肥就是所有孩子中，最早加入的兔老大。

七年多前，把拔和麻麻剛開始交往時，一次臨時起意的高雄瑞豐夜市遊，開啟了愛上兔寶寶的不歸路。

喜歡小動物的麻麻原本想養狗，但因不符把拔租屋處房東的規定，只好放棄養狗的念頭。沒想到就在那次的夜市約會時，見到了投緣的小兔子ㄚ肥，兩人開心地付了錢，將帶她回家。

為了照顧ㄚ肥，這對沒養過寵物的小情侶，提早升格，成了新

手的兔爸兔媽。

「父母真難為！」為了好好照顧丫肥，情侶倆一有空就網路上找資料。

「原來過去聽聞的飼養觀念，有一大半都是錯誤的！」

「兔子不能喝水、兔子該吃紅蘿蔔，都是謠傳與迷思！」

「兔子會生病，要看醫生，也得吃藥。」

「每次餵藥，身體不舒服的丫肥，就會兇巴巴的把我抓得到處是傷痕。」

「兔子可不是童話故事裡，永遠天真溫柔兔寶寶。」

沒辦法，丫肥就像個小 Baby，情緒「自由而奔放」，身為家長也只得默默忍受啊……

脾氣不小的女兒丫肥，也是爸媽「愛的協調者」。

當時才剛交往，還在磨合期的爸媽，三天一小吵，五天一大吵，好幾次都已決定乾脆分手算了。最後總因為丫肥蹦蹦跳跳、可愛的模樣，化解緊張氣氛，讓他們和好如初。

後來，只要兩人之中有一人動怒，另一方只要抱出丫肥，就能「化戾氣為祥和」。難怪爸媽總說，丫肥是兩人能修成正果邁向禮堂的大媒人！

「丫肥也是我們的老師。如果不是為了她，我不會接觸到動保團體，認知『以認養代替購買，以結紮代替撲殺』理念。所以我們陸續地認養了四個寶貝，加上老大丫肥，還沒結婚就先組成了一家七口的大家庭。」

七年多來，只要丫肥的身體有任何問題，爸媽就會帶她到固定的動物醫院看病，細心的醫師都能給予解答並且妥善地治癒他，是家人很信賴的寵物家庭醫師。

　　二〇一三年年初，家人發現丫肥有些食慾不振，漸漸地，原本清澈明亮的大眼，也混沌了起來，日漸消瘦憔悴。

　　爸媽特別挪出空來，帶她去檢查。

　　醫生一時之間也找不出病因：「可能是天氣變化導致腸胃不舒服，我先包藥給你們，回家以後再觀察看看。」

　　過了兩天，丫肥還是不肯吃飯。

　　正巧是星期一，媽媽還得上班，心急的爸爸決定自己先帶她去看病。

　　這回醫生建議照超音波，以便更深入地檢查。

　　醫生發現，丫肥肚子裡有一顆很大的腫瘤，但是……

　　「很抱歉，我們的設備和技術，沒辦法為丫肥進行治療。」

　　「那該怎麼辦呢？」雖然知道兔子是會生病的，但是長腫瘤？這件事實在太震撼、太令人難以承受。

　　「這樣的病例很少見，或許先試著吃保健食品，看看有沒有效果。」醫師最後給了這個建議。

　　「丫肥只能陪我們走到這裡了……」離開醫院的爸爸，一想到醫生束手無策的表情，眼淚就流下來了。透過電話得知消息的丫肥

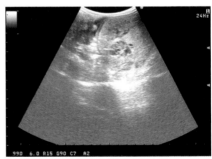

（左圖）術前食慾不佳的丫肥。（右圖）超音波顯示的腹腔狀況。

媽媽，下班後更是顧不得回家就直奔醫院。

一位不認識的飼主碰巧聽了丫肥的病況，

「你要不要帶她去臺中的英國皇家動物醫院看看？聽說那裡能治很多別的診所不能醫的病。」

「真的希望這位好心陌生人給的消息，能讓丫肥有活下去的機會。」爸爸媽媽緊緊捉住這不甚確定的訊息，認真地上網查詢，想瞭解英國皇家動物醫院是否真如好心人所說，能給丫肥一線生機？

在確定了醫院的確有許多治癒疑難重症的前例後，爸爸來電預約蔡醫師星期六的門診時間。

「我們院長每星期三在嘉義中華動物醫院看診，您要不要星期三先帶丫肥過去呢？」

從電話中瞭解丫肥狀況不佳，甚至可能有立即性的生命危險，機警的接線人員給了丫肥爸爸這個建議。

於是爸爸向工作單位請假，自高雄將丫肥帶去嘉義就醫。

蔡醫師初步檢查後，取得丫肥爸爸同意，當天就把丫肥帶回臺中英國皇家醫院。醫療團隊為丫肥做了 X 光與超音波等各項檢查後，蔡院長建議即刻開刀。

「她的年紀和體力，能承受開刀的風險嗎？」爸媽的擔心不是沒道理的。

一般兔子的壽命，約在五至十二歲之間。

七歲多的丫肥，堪稱兔界中的兔瑞。

原本毛色光亮有精神的她，已經好一段時間沒有食慾，精神狀況也走下坡，難怪家人會有這樣的疑慮。

「開刀的最大風險在於麻醉，」蔡醫師向他們說明：「許多飼主都以為，寵物年老後，就不再適合麻醉，於是寧可選擇放棄積極

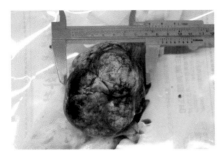

取出的腫瘤長度與重量。

治療。這樣的邏輯有很大的問題。」

所以丫肥就在爸媽的同意下，接受手術治療。

蔡醫師打開丫肥的腹腔，發現裡頭除了腫瘤外，還有腹水。

幸好家人支持立即開刀，如果再猶豫、想再觀察看看，說不定丫肥隔天就走了。

術前3000公克重的丫肥，在腹腔與盲腸處各取出了一顆腫瘤，腹腔的大腫瘤約7乘以8公分大，二顆腫瘤重量合計212公克，真的非常驚人。

打個比方，狗食罐頭每份約100公克。丫肥等於每天都負載著超過兩罐肉罐頭的重量，難怪會如此的不舒服。

手術完成後，爸媽本來還擔心丫肥會不會因為身體虛弱，加上不適應醫院陌生環境而食慾不振，有礙術後復原。

沒想到，取出「腹中大患」的丫肥，食慾之恢復，以「神速」來形容也不為過。不知道是不是因為餓了好長一段時日，住院期間的丫肥，除了生病前就愛吃的新鮮蔬菜外，連本來不甚喜歡的乾牧草，居然也來者不拒，讓爸媽好意外呢！

上班族的爸媽，往返高雄與臺中不甚便利，只得倚賴電話訪談，掌握丫肥的恢復進度。而我們也提供照片和影片讓爸媽清楚看

見丫肥日漸恢復的清澈大眼和光亮毛色。

病理切片診斷結果顯示：盲腸上的小腫瘤是腺癌，腹腔內的大腫瘤是脂肪肉瘤，兩者都是惡性腫瘤，幸好家人提早的決定切除，否則可能有立即性的生命危險。

術後返家後，丫肥仍持續服用中藥，病況得到很好的控制，只要遵醫囑定期回院拿藥與複診即可。

事後丫肥的爸媽跟我們分享：

「其實在治療的這段期間，有人很疑惑的問，為了一隻兔子花那麼多值得嗎？

當然值得。

我承認，我們沒有萬貫家財，但是我女兒的醫藥費還付得起。

在大家的眼裡她只是一隻兔子，可是在我們心裡，不管她有多兇多肥，都是我們的女兒,如果沒有她那就不會有我們這個家。

丫肥接回家到現在已經近一年了。

很高興當時的我們，做了讓她開刀的決定，因為我們知道她現在會健康的陪我們好多年。

看到她現在活繃亂跳的樣子，真的很感謝英國皇家全體醫護人員，也感謝當初介紹我們英國皇家的那個陌生朋友。

因為有你們的幫忙，才可以讓我女兒繼續陪伴著我們。

也希望有養寵物的朋友們，好好的對待他們，你們的心意他們都懂。

對你來說，他們或許只是你的一小部分，但你卻是他們的全部！」

蔡院長的話

兔子不會嘔吐，讓主人少了一個可以觀察是否生病的症狀，因此影像學的檢查相對更顯重要。

兔子很容易因驚嚇而過度緊迫，甚至可能造成死亡。曾有飼主告訴我們，因為兔子大便，肛門與週圍的毛髒髒的，用清水幫兔子沖洗屁股，結果兔子卻因為飼主的這個舉動而驚嚇死亡。由此可知，幫兔子檢查、治療的舉動本身就是挑戰，一有不慎即可能在檢查之時造成兔子驚嚇休克。建議飼主平常多跟寵物接觸，讓他們不怕生是很重要的。

動物品種、疾病不同，麻醉的風險也不同。能否麻醉，最大的評估重點在於動物的身體狀況。我們堅持在進行任何手術之前，要做深入檢查，這些數據與影像，能給予醫師充份資訊，盡力避免可能產生的突發狀況。術前評估是動刀前絕不可少的。

麻醉不可怕，令人安心信賴的寵物麻醉醫療，來自專業麻醉醫師的：

‧麻醉前審慎評估

‧麻醉中專業監視

‧恢復時照護關注

　　一隻兔子的一年，相當人類八年的壽命。近八歲
的丫肥，年紀不小，又生了重病，除了我們的術前評
估外，主人願意冒險，支持積極醫療，真的需要非常
大的勇氣，謝謝他們對醫療團隊的信任。

准許
出院

Chapter12

木木

率性的探險家！

三個月大的小貓──木木，學大貓飛越
馬桶峽谷，反成落難水中的芭蕾舞者。
高傲自戀的木木將流理台當伸展台用，
結果小名模的尾巴著火了！而最驚心動
魄的演出是：忘了配帶降落傘、滑翔翼
的冒險家木木自六樓飛天而降……

木木

鬧中取靜的巷道裡，不需要敏感的嗅覺，就可以聞到空氣裡時隱時現，飄散出的濃郁咖啡香，帶點甜，也有點酸，更多的是暖暖炭燒香。

慵懶爵士樂輕洩而出，牆上一張張老唱片，厚重的木作書架上層層疊疊新舊書籍，時光好像在這間咖啡館停駐了。

不經意的時刻，輕盈的 Cat walk 穿過桌腳，輕輕躍上小椅子，令人禁不住好奇地凝望這意外的訪客。

「哼！你才是不速之客吧！」貓咪懶懶地伸了個腰，接著斜眼瞧著你。

木木媽媽擁有一家精巧可愛，充滿文藝青年氛圍的咖啡小館。同時她也是個低調的個體戶貓咪中途之家。

初識者愛上她的咖啡，卻鮮少有人主動攀談，看來冷淡寡言的老闆娘其實是害羞而非高傲，只要聊起貓咪，一篇篇生動又感人的故事，就像那杯手沖咖啡般，溫暖你的口，更溫暖你的心。

「木木是從土城看守所來的。」媽媽的表情不像是開玩笑，難不成木木是逃獄來的？

某個炎熱的夏天，住臺北的友人到新北市土城看守所洽公，見到偌大的馬路中間，有一團橘白色相間的毛球，滾來滾去的，不時發出「喵嗚……喵……」的叫聲，擔心「牠」被來往的車子輾傷，顧不得手裡大包小包的物品，暫且放在路邊就衝了過去。

「原來是隻才剛開眼的貓咪！」

依常理判斷，貓咪寶寶此時應該待在貓媽媽身邊，他的世界不在大馬路，應該是在母親的肚子邊，和其他手足搶食奶水才對。

小貓咪怎麼會落單了？又怎會好像玩耍一般的在路上滾？

真是令人百思不得解。

在附近草堆、暗巷稍稍繞巡了一下，也不見其他的貓咪。

「此時若放他自生，不等於是鴕鳥心態助他自滅？」

不知該如何是好，正舉棋不定的友人突然靈光乍現，趕緊去電給愛貓好友，問問怎麼辦才好。

「先把貓咪寶寶帶回來，我們再來想下一步該怎麼辦吧！」

後來這隻在路上喵嗚喵嗚叫的貓咪男寶寶，被取名叫「木木」。

不知是不是在貓媽媽身邊時總搶不到好位置喝奶，小木木老是一副餓壞了的模樣，喝奶時狼吞虎嚥的，讓人擔心他會不會給嗆著了！

聽說小貓咪不能一次吃太多，少量多餐比較好，當上班族的朋友很難給予剛開眼的貓咪完整且妥適的照顧，於是由開咖啡館的中途媽咪接手。她的咖啡館本就開放給貓咪進出，身為老闆娘，可自行調整工作時間來守護貓寶寶，再加上她豐富養貓經驗，綜合時間、空間、能力等，對木木而言，實在是萬中選一的最佳專屬保姆！

「朋友所言果然不假！木木真的就像餓死鬼投胎，吃多又不挑。」

木木不只吃得多，個性更像個不懂事的賴皮小少爺。

不怕老鳥級的成貓，放飯時他必定第一個衝到飯碗前，自己的吃完還想分食別人那杯羹。不想自己洗臉，就湊臉過去給貓哥哥洗。上完廁所不蓋貓砂，貓姐姐會來幫他處理後續。

「不要說我偏心，實在是其他的貓咪也幫著寵溺他，也不知木木哪來的好福氣！」

滿兩個月大，打完預防針的木木可以送養了。

兼具鬼靈精與萌樣的木木，很快地被一個家中已有一隻貓咪的網友認養了。在送養前，用心的木木媽媽還要求網友和家裡的貓，一道來咖啡館和木木相處一小段時間，確認兩隻貓咪能接納彼此才將木木送養。

不料，木木到了新家，家裡的嫂嫂正巧驗出懷孕了。

這當然是喜事一樁，但家中急著抱孫兒的老爺爺卻因這個好消息而變了主意，認為家裡有孕婦又將迎接新生兒，不該再新養貓咪，執意要木木離開。

滿懷歉意又無奈的網友只得將木木送回咖啡館。

「送養後又被送回，實在對貓咪的傷害太大了！木木怎麼能明白，為什麼他會再次被放棄？」縱使有其他喜歡木木的朋友想接手，心疼木木的媽媽還是決定留下他在自家，捨不得讓小木木再次承受熟悉新家庭、新環境、新朋友、新身份之苦。

定居下來的木木除了賴皮撒嬌，也開始展現出調皮本色。「貓」小志氣高，木木熱衷挑戰自創的種種極限遊戲，以此測試媽媽心臟強度。

某天，原已外出辦事，打算直接到咖啡館上工，晚上才會回家的媽媽，辦事途中臨時繞回家拿遺漏的文件，一開門就聽到廁所傳來喵咪叫聲。

尋聲辨位而行，愈走近浴室聲音愈清楚，推開門一看，不得了啦！不滿三個月大的木木居然掉到馬桶裡了！媽媽趕緊「撈起」在馬桶水裡掙扎，全身溼答答的木木，用清水沖一沖，再用大毛巾將

他擦乾。

　　都還來不及拿風筒吹烘，木木又一溜煙的逃掉，跑去找大貓玩了，渾然已忘剛剛的驚險。

　　媽媽知道家裡幾隻大貓會進浴室玩飛越馬桶的戲碼，猜想應該是不知量力的小木木跟進模彷，飛越「馬桶峽谷」壯志未成，掉入「深谷潭水」裡啦！

　　看來所謂的母子連心還真有其事，否則怎會臨時起意返家，碰巧救了木木一命？

　　誇張的故事還不只這一樁。

　　驕氣又自命不凡的木木，被朋友戲稱是「火象星座」裡的獅子王。木木喜歡引人注意，更熱愛成為眾人目光焦點，即使觀眾只有媽媽和貓兄、貓姐也無妨。

　　媽媽煮飯時，注意力全放在食物上，兄姐們不是玩自個兒的，就是無聊地補眠去。此時的木木老是不甘寂寞，愛在廚房繞來繞去，逼媽媽放下手邊的事陪他玩。

　　媽媽若置之不理，他就將流理台當做伸展台，高傲自戀地四處走臺步。有一回走得太認真，瞻前不顧後，居然把自己的尾巴給燒著了！

　　有幾次媽媽在陽台曬衣、打掃時，木木也會趁機溜出來，不是攀跳著，想把陽台欄桿當體操鞍馬來練絕技，就是揮動小拳頭，想逗外頭的野鴿子玩，險象環生。

　　一次又一次的勇闖生死關，似乎都嚇不倒木木，

　　「初生之犢不畏虎，初生之喵也是大無畏。」媽媽只好盡力將物品收妥，馬桶蓋蓋上，門窗關好，避免憾事發生。

　　直到那一天…

「有一隻橘黃色小貓跳樓受傷了，好像是你家的貓，被別的住戶送去醫院了。」

十一月末的一個晚上，社區管理員通知媽媽。

聽管理員的形容，顏色、大小都挺像木木的，可是門窗都關得好好的，木木又怎麼可能「跳樓」呢？不過，不怕一萬就怕萬一，心裡頭一面安慰自己「不是，不會是木木。」但又十分忐忑緊張……。

狂駛返家，媽媽幾乎是用撞的把門給打開，聲聲喚，四處找，家裡只剩兩隻眼露驚惶，縮在牆角的大貓，就是完全尋不著木木的身影。

陽台外的風，把窗簾吹得鼓鼓地，掀開一看，落地窗開了十來公分的縫。

天哪！這可不是鬧著玩的！！

「明明關好了才出門的啊？」此時也沒心思、沒時間進行「案件大搜查」了，「六樓……，從六樓掉下去……」媽媽沒勇氣再往下想，問清楚送到哪裡之後，趕急奔向醫院而來。

此刻的我們正接待一對情侶帶來的無名小貓。

「我們看到有個東西從天上掉下來，砰的一聲掉進矮樹叢裡，聽到叫聲才知道原來是隻小貓。」

「天上」這兩個字聽來真驚悚。

醫師目測加觸診，不難判斷出木木有骨折的現象，但還需要進一步以 X 光深

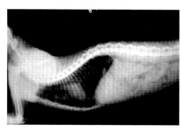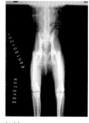

左圖為氣胸的 X 光片，右圖為骨折的 X 光片。

入檢查，才能瞭解骨折的嚴重性與複雜程度。

　　拍攝完成，正要向帶木木就醫的好心情侶解說時，木木的「正牌」主人已來到醫院。

　　「謝謝！謝謝你們救了木木一命！」情侶在媽媽的一再致謝下離開了。

　　X光影像學檢查後發現，木木除了右股骨骨折外，還有肺挫傷與氣胸。另外，多項血液生化評估數據均呈現過高或過低，代表目前不宜麻醉執行骨折手術，醫師決定先針對肺挫傷施以內科治療，裝胸導管並抽出胸腔空氣，待此兩項症狀改善後，再進行手術，以求將手術風險降至最低。

　　住院期間，貼心的媽媽怕木木孤單思家，帶了家裡玩偶陪著他，用「家的味道」來撫慰情緒。

　　木木住院消息PO上網，連媽媽的朋友們都輪流來醫院關心他。

　　大家都很好奇，木木到底是怎麼從六樓飛天掉下來的？

　　「我猜，可能是力氣大的貓哥哥把落地窗推開了。」

　　媽媽還帶了家裡的貓哥貓姐來探望木木：「也要讓哥哥、姐姐知道木木哪去了，不然他們也會擔心啊！」

　　甚至包了小紅包掛在病房邊上，誠心祝禱木木早日康復。

　　五天後，肺挫傷、氣胸與各項檢查數據較為穩定，蔡醫師接著

氣胸處置之後。

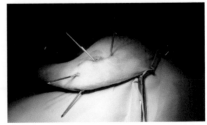

進行骨折手術。

為木木進行股骨復位手術。

　　媽媽說他愛生氣，黏人，又愛妒忌。但是在英國皇家住院期間，木木表現得很不錯，乖乖地接受治療，也認真地吃飯。用完餐，如果直接收走他的飯碗，木木就會撒嬌的「喵咪！喵咪！」，像是在聲聲喚著：「陪我玩一下嘛！」

　　小不點的木木模樣超萌的，任誰都想多寵他一點，忙碌中還是要摸摸、逗逗他。

　　終於，木木康復出院了。

　　他多了一個響亮的封號：「飛天木木」是也！

　　但是，木木，你這隻小頑貓還是要乖點啦！不可以再玩危險遊戲囉！

（右）出院前的木木，除了手術剃掉的毛外，看起來康復的不錯。
（下）術後恢復精神的木木。

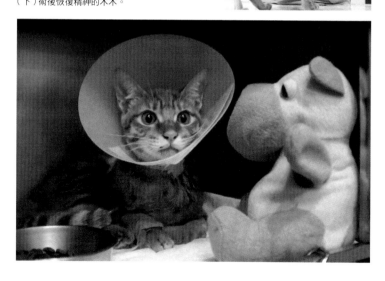

蔡院長的話

發現寵物有重大創傷發生之際，多數飼主會認為處理傷口，修復受創骨骼是最首要的，這樣的觀念大有問題喔！

創傷發生之時，正確醫療程序的優先順序如下：

1、呼吸系統

2、心臟循環系統

3、神經系統

4、泌尿系統

5、胃腸系統

6、骨骼肌肉系統

很意外吧！骨折手術居然不是最優先被處置的，反而排名在最後。

確認是否有心肺傷害、內臟挫傷、破裂等問題，十分重要，這些看不見的傷害，比起肉眼可見的創傷，更可能危及寵物生命。

很多飼主不理解，我的寵物被車輾斷了腳，為什麼要拍攝胸腔 X 光，為什麼要做腹腔超音波呢？

若沒有這一系列的詳細檢查，寵物極可能在骨科

手術進行，因沒有被查覺的心肺傷害，無法承受手術，而在過程中死亡。或是成功撐過了骨科手術，卻因腸胃、膀胱破裂未被發現，反而死於腹膜炎或其他系統的傷口。

貓是除了人之外最容易從高樓掉下的動物，當然他們不是故意跳下，只不過是他們有如蜘蛛人的壁虎功可以攀爬牆面和跳躍能力，不管多高，只要有窗戶或空隙沒關好，都可能鑽出去造成意外，住高樓養貓謹記確實關窗，以免造成遺憾。

Chapter13

ㄚ乖

對症下藥的重要性！

調皮的西施ㄚ乖反常地懶洋洋、沒精神，
經醫生檢查發現，發現他的體溫高達 40
度，發燒了。「是肝門脈分流。」「是
膽囊異常。」醫師有不同的病症判斷，
直到我們接到歷經三次手術卻依舊持續
發燒的ㄚ乖……。

ㄚ乖

家裡的小寶寶發燒你會擔心嗎？

「當然要趕快送去診所醫院啊！」緊張型的父母通常是這麼回答的。

個性鎮定一點的父母可能會說：「我會先試著作一些醫護人員建議的降溫方法，若無法在幾個小時內退燒，就要趕緊送醫。」

那有誰能夠忍受孩子連續發燒一個星期呢？應該都急壞了吧！

若是一整年反覆發燒呢？？？

「怎麼可能有這種事！家人都要發瘋了吧！」你肯定也會這麼說的。

「您是ㄚ乖的媽媽嗎？」

「不是，我是他的阿嬤喔。」

看來年紀才四十歲上下的飼主，自稱是阿嬤。

「我先養了ㄚ乖的爸爸，他爸爸跟我朋友家的狗生了三隻寶寶，兩隻被領養走了，剩下ㄚ乖沒人要，到了三個多月大才來到我們家。」

ㄚ乖阿嬤開設早餐店，工作忙碌繁瑣可想見。

家裡已經有ㄚ乖的爸爸、一隻不請自來的黃金獵犬、一隻長毛吉娃娃，又再多個ㄚ乖，可以嗎？

「照顧三隻跟四隻沒什麼差別啦！眼看著孫子沒人要，實在也

丫乖一家人。

心酸，嘸甘啦！」

　　最小的丫乖一到家裡，大狗們都對他很友善，從此老么的身份就確立了。老么特權很多，搗蛋第一名、撒嬌第一名，所以受寵也第一名。成年狗們總是一派沉穩，多了丫乖這個小搗蛋的加入，家裡氣氛變得更熱鬧了。

　　過了兩個月，阿嬤發現丫乖有點反常，氣力、精神變得差了些，不再如往常一般地愛招惹大狗逗著玩。

　　「早餐店休息我就趕快帶他去醫院了。」

　　阿嬤說她的工作瑣碎又繁忙，有什麼事情都習慣要快點解決。而且養狗經驗豐富的她知道，丫乖一定是哪裡不舒服，才會懶洋洋的對什麼都提不起興趣。

「鄰居說我又不是沒養過狗，幹嘛那麼緊張？說不定過幾天丫乖就又好了。」阿嬤搖著頭說。

「拜託！如果是她家的小孩生病，她才不這麼想勒！丫乖是我的小孫子，總不能因為他沒辦法告訴我哪裡不舒服，就假裝不知道他在『艱苦』吧！」

社區的動物醫院發現丫乖體溫高達 40 度，發燒了，難怪他會活動力變差。

醫生使用超音波為丫乖進行影像學檢查。

「丫乖得了一種叫『肝門脈分流』的病，要開刀才能痊癒。」

「這是什麼？我養狗這麼久，從來沒聽過這種病？」

「這是一種遺傳性疾病。簡單來說，一隻正常的狗，血液應該要進入肝臟解毒後再流出來，但是丫乖的血管異常，血液沒有讓肝做排毒處理就流到全身去了。」

還真是專業，阿嬤聽得迷迷糊糊的，但至少弄懂了：一、血管有問題，二、肝沒辦法排毒，就是這兩個原因讓丫乖一直發燒。

「一定要開刀嗎？不能吃藥就好嗎？」

「吃藥也不是不行，但是效果不好，丫乖以後還是會反覆發作，吃退燒藥只是治標不治本。」

醫生都這麼說了，那當然是要選擇開刀。

手術後丫乖的體溫恢復了正常。

正當家人以為丫乖順利康復之際，不到三個星期的時間，丫乖又開始發燒了。

「沒關係，可以先吃藥、打針控制，再來觀察看看。」醫生說。

按時吃藥，定期回診打針，丫乖仍舊反覆發燒，跟之前沒兩樣。

「他是又分流了。看來要再動一次刀。」

　　第二次開刀後沒有新進展，丫乖依然在39至40度間反覆發燒，個性鎮定的阿嬤，這下子也真的急了！

　　「媽，我覺得丫乖的症狀，和網路上說的肝門脈分流不怎麼符合，我們要不要換家醫院再看看？」

　　「對啦！我們換一家醫院吧！」阿公也這麼建議。

　　「丫乖是膽囊異常。」第二家醫院檢查後向家人如此說明。

　　「不是肝門脈分流嗎？怎麼變成膽囊有問題？」

　　聽著醫生說明病情，家人有些疑惑，但也認同應該不是肝門脈分流，否則怎麼兩次手術都沒辦法讓丫乖退燒？

　　醫生先聲明，不敢保證一定能治癒，但建議再做一次腹腔手術，來看看裡面的狀況究竟如何。

　　「好吧！不然這樣一直發燒下去也不是辦法。」

　　家人第三度簽下手術同意書。

　　醫生打開腹腔後又縫合：「丫乖腹腔亂七八糟的，我們的設備和技術沒辦法做手術。」醫生推薦設備完善的英國皇家動物醫院給阿嬤。阿嬤和家人商量後，立刻來電約診，只想盡快讓丫乖脫離發燒的夢魘。

　　丫乖到院時的體溫為 40.5 度，高燒依舊不退。

　　蔡醫師為丫乖做了多項的檢查，包括四合一、尿液檢查、完整的血液生化檢驗、X 光、超音波影像學。另外，也從臨床症狀中，察覺丫乖走路有問題，建議抽取關節液進行分析。

　　結果出爐：四合一正常，白血球數高達四萬五千、有蛋白尿且尿液白血球偏高，關節液中都是膿液，細菌培養為陰性。

　　以上報告數據加上影像學檢查，我們確定丫乖患有：一、類風濕性關節炎、二、攝護腺腫大發炎。

前者可以中藥加針灸予以緩解發炎並控制病程，後者則需開刀治療。

開刀後，蔡醫師發現腹腔臟器沾黏非常嚴重，也為了確認肝腎是否有問題，進行切片與採樣培養。

培養結果確認：一、肝腎切片報告：無異樣、二、腹腔有大腸桿菌汙染，丫乖罹患慢性腹膜炎。

我們針對三項發炎徵狀給予治療，很快地，丫乖不再發燒了。

多年過去，丫乖已經七歲了。

「丫乖最近好嗎？」因為計畫出版本書，我們與阿嬤聯絡。

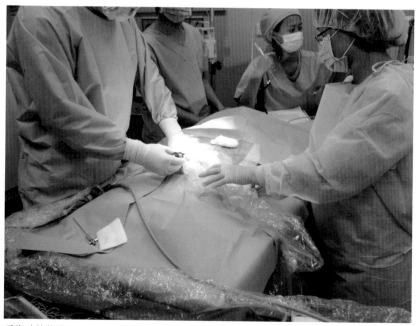

手術時的狀況。

「他很好，謝謝蔡醫師找到他的病源，不然我們現在就少了這隻黏 TT 的寶貝了。」阿嬤敘述求醫過程，追朔起從不安驚懼、無助到重拾希望，往事一幕幕，她都記憶深刻。

非醫療專業的她，篤定而清晰地說出「肝門脈分流」時，真的令人驚訝，畢竟這已是六年前的往事了。

「他之前開了那麼多次的刀，我們都好捨不得，總是會偏心，疼愛多一點，結果他就更黏了。我早上做生意的時候，別的狗狗都會乖乖的待在樓上，偏偏丫乖不肯，一定要看到我才行，只好讓他下來店裡。」

「會不會吵到客人啊？」畢竟是早餐店呢！

「丫乖真的是很乖，他會安靜的坐在椅子上看我們忙，不會亂叫，有愛狗的客人靠過去，他就跟人家玩，我們社區來吃早餐的人都認識他。」

丫乖很幸運，生於愛狗的家庭，住在友善的社區。

「現在連我回臺北娘家，都得帶著他這個伴手禮同行，反正丫乖就是愛跟著我，不能跟我分開啦！」

阿嬤很誠實，果然是偏心啦！

「費了那麼多心力和眼淚，才能把他從鬼門關給救回來，丫乖是我惜命命的心頭肉！」羞赧的阿嬤如是說。

蔡院長的話

不明原因的發燒幾乎是醫生的大挑戰，如果飼主覺得只是發燒沒有特別症狀，不願做檢查，可能讓醫生束手無策，讓動物處於生命危險之中。因此，詳細而特殊的檢查項目是必須的，愈沒有症狀，檢查的項目愈多，這是飼主需要了解的課題。

寵物就像小嬰兒，家人對於他們的不明發燒，千萬不可等閒視之，更不可未經醫囑，任意使用退燒藥。自行用藥即便退燒，也只是抑制症狀，並非給予真正的醫治，更會在就醫時，令醫師難以掌握充份資訊而誤判病情。

長期服用退燒藥，易造成肝腎損傷、胃腸道潰瘍，既無法根治病源，又對身體帶來更大傷害。單一病徵不一定由單一的病源產生，不明原因的長期發燒，需要全面而詳細的檢查，將檢查所發現的病徵一一處置。

就此病例而言，三個不同部位的發炎，都可帶來發燒徵狀。倘若僅醫治三者其中的單一疾病，即便治癒該單項疾病，終究還是無法解決發燒的問題。

慢性腹膜炎不易被發現，因此採樣培養非常重要，了解細菌種類才能對症下藥。

Q比

不只是一塊骨頭！

一塊卡在食道，進退不得的骨頭，讓Q
比和麻麻都吃盡了苦頭。第一隻Q比走
失的傷痛尚未平息，第二隻Q比又面臨
生死交關⋯⋯

Q比

「我已經失去一個，不能接受再失去第二個Q比！」麻麻抱著差一點又從身旁溜走的Q比，含著淚說。

「我原本就有一隻一歲五個月大的吉娃娃，也叫Q比。去年我因公出差，把他寄在朋友家，好心的朋友怕Q比老想著我而悶悶不樂，帶著他去公園溜溜，沒想到，一個不留神，Q比就不見了！」

朋友和Q比麻麻用了很多方法，除了在公園、住家、朋友家附近繞圈不斷地找尋，也貼尋犬告示、上FB請求協尋，無奈Q比人間蒸發，不知所蹤。Q比麻麻無比自責，為什麼當初捨不得讓Q比挨一記晶片植入，就不會害得他有家歸不得了！

「或許被哪個愛狗人帶回家好好照顧了吧！」朋友們也只能這樣安慰她。

思念Q比的麻麻卻因傷心而大病一場。

朋友見麻麻如此難過，趁著麻麻生日，送來一隻六個月大，和Q比長得幾乎一模一樣的吉娃娃。麻麻決定還是為她取名Q比，記念失去的美好，也提醒自己，一定要好好愛護她、照顧她一輩子。

家中原本就有兩隻分別八歲、九歲的吉娃娃，還有一隻不到一歲的小瑪爾濟斯，加上Q比，四隻狗寶貝讓家裡每天都充滿開心的氛圍。

最後加入的Q比是四個毛小孩中，個性最溫和的。每每到了放

飯時間，其他三隻寶貝一定急著往自己的飯碗直衝，吃完自己的，還要到別人的碗前爭食打鬧。

「我們家的狗狗裡，Q 比的家教最好！她像個小淑女，與世無爭地慢慢吃，跟那三個小流氓簡直不像一家人！」

無論是淑女還是流氓，都是麻麻的心中寶。

「我難免會多關心 Q 比一點點啦！」麻麻強調之餘又趕緊解釋：「怕她老是悶不吭聲地被欺負，不能委屈了她！」

秋天剛吹起涼風的一個夜晚，家人約了幾位朋友來家裡吃燉補，小聚一下，藥燉排骨湯、燒酒雞、熱炒、海鮮……熱熱鬧鬧地擺了一整桌。

「只有大人進補這麼行？小朋友也不能被虧待啊！」

所以費心的麻麻還多煮了一道沒有調味的排骨湯讓狗寶貝們一起享用。

這麼歡喜的聚會，不只大人吃吃喝喝聊得盡性，四隻小寶貝也跟著興奮地繞著主人、客人團團轉，時而耍寶時而撒嬌，也算盡了小主人的本份。

不過，Q 比有點反常，習慣在 11 點就寢的她，那天居然 9 點就自動上了她的小臥舖睡覺，而且變得不太活潑，有點悶悶的。

「那時我想她可能是累了吧！畢竟她平時是個比較沉穩的孩子，這麼喧鬧的聚會讓她太亢奮，提早『沒電』了。」

隔天清晨，早起搞定寶貝們早飯，準備上班的麻麻，發現 Q 比今天也起得特別早，聞了聞碗裡的飼料，卻沒停下腳步吃早餐，好像沒什麼胃口，又走了幾步，忽然吐了。

「是不是昨天吃太多了？還是吃壞肚子了？」

麻麻不敢大意，先打了電話向公司請假，立即帶著 Q 比去診所

看病。

「嗯！她的胃發出很大的蠕動聲。」醫生聽診後，幫Q比打針，也給她吃了腸胃藥。

「她的腸胃還不太舒服，你不用急著要她吃飯，按時餵藥，先觀察看看再說。」

第二天過去，Q比還是不吃不喝。

第三天，麻麻帶她到另一家醫院檢查。醫生也是聽診、打針、給藥，請她回家觀察。

「需要住院嗎？」

「不用啦！這沒什麼大問題。」

趕著上班的媽媽聽了醫生的話，就帶著Q比上班去了。

看著懶洋洋的Q比，連沒養過寵物的同事都不禁擔心了起來。

「我好像沒見過小狗狗精神這麼懶散的耶？你還是帶去給別的醫生檢查看看吧？！」

下班前，麻麻預請了明天的休假，不弄清楚Q比到底怎麼回事是不行的！

第四天，麻麻帶她到第三家醫院求診。

「要做詳細一點的檢查哦！我覺得她應該不是腸胃不舒服這麼簡單。」

醫師為Q比進行X光影像學檢查，拍了三張X光片，也做了血液生化檢查，打點滴……。

「X光片的影像不是很清楚，我建議Q比要住院觀察，明天我會再幫她拍一次X光。」

於是麻麻留下了Q比，希望明天就能查出到底是什麼原因，導致Q比嘔吐、食慾不振、精神低落。

「在觀察中，今天再拍Ｘ光確定看看。」接下來的四天，醫師每天都這麼跟麻麻說。

「住在醫院比留在家裡好，畢竟自己不是醫生，萬一Ｑ比發生緊急狀況，無論如何，我是使不上力的。」麻麻雖然心急如焚，一想到自己除了愛她，其他的醫療照顧實在是自己無能為力的，所以只能繼續地觀察、觀察、觀察……。

「看了今天的Ｘ光片我確定是異物卡在食道裡了。」住院的第五天，醫生說。

「是吞了潔牙骨還是骨頭呢？」麻麻問。

「嗯～看不出來喔！應該都不是。不過，我會試著把那個『東西』推進胃裡。」

住院的第六天、第七天過去了，醫生說：「我確定是潔牙骨，只是不知道是哪一種。」

「推得進去嗎？」

「應該可以，我再試試。」

第八天，醫生主動去電給麻麻。

麻麻看見來電，興奮地想，一定是打來告訴我，終於成功推進胃裡了。

沒想到醫生說：「我束手無策了，真的沒辦法幫他解決。」

「我一聽見『束手無策』這四個字，眼淚就再也止不住……」麻麻說。

「還能怎麼辦呢？只好趕緊到醫院辦出院手續，看看是不是還有其他醫院有辦法救Ｑ比。」

「Ｑ比現在的狀況，可能只有英國皇家的蔡醫師有辦法，我幫她辦轉院好嗎？」

「不了，謝謝你。」

麻麻此時心亂如麻，也不知該如何好，只想帶走Q比。

「我真的沒想到，居然沒有一家醫院願意接手！」

帶著Q比和這八天來的X光片，麻麻到處碰壁，每家診所，每一位醫生都告訴她：「真的太嚴重了！我們沒有設備、沒有技術更沒有把握能救她。」

打給親近朋友求救，希望能得到一些正面的能量，讓她有勇氣來面對失控失序的病情與無助驚慌，沒想到朋友們的回答是：「唉！沒救就算了，不過是一隻狗⋯⋯」

「你別想太多，就當作是緣份盡了，不是可以安樂死嗎？」

麻麻只能抱著虛弱的Q比大哭！

「我不要再失去我的Q比！」

經歷近十天來的身心折磨，幾乎陷入絕望的麻麻，想起了醫生轉診的建議。

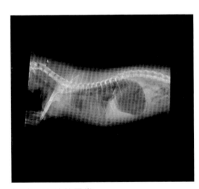

初診X光片的異常。

Q比被麻麻帶進醫院時，精神極差還不斷地發抖，院長蔡醫師先以理學檢查，發現Q比心律不整，再以血液、放射線、內視鏡、細菌培養等進一步檢查，確認了Q比有酸、鹼中毒、胸腔有大腸桿菌的感染性性胸水，肺部感染，更確定有個骨頭模樣的異物卡在食道賁門部位，同時也有肝臟腫大等問題。

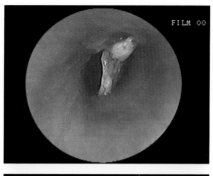

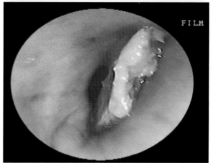

視鏡拍攝到卡在食道的骨頭。

　　此時已能確定 Q 比是因食道異物造成穿孔，引起胸膜炎及肺炎。

　　醫生先以點滴輸液治療，接著為 Q 比進行內視鏡手術，順利夾出卡在食道裡的骨頭，住院期間每日靠著點滴、沖洗胸腔及藥物治療，Q 比的病症才漸漸地受到控制。

　　待胸水變少，肺炎好轉且食道破洞癒合，病情好轉的 Q 比終於能開始進食也能回家交由家人照顧了。

蔡院長的話

　　酸鹼中毒的Q比若要立即麻醉手術，風險過高，所以我先以點滴輸液治療，將酸鹼度調整至安全範圍後才施以麻醉。這是關乎手術成敗的必要作為，卻經常被一般臨床醫師忽略。

　　透過內視鏡手術將卡在食道的骨頭夾出時，發現Q比因異物使食道破洞，進一步造成胸膜炎而產生胸水，先以置入胸導管來引流胸水，再順利夾出骨頭。

　　治療一段時間後，本院再以電腦斷層掃描進行追蹤，發現仍有些許氣體存在Q比的縱膈腔，導致縱膈淋巴腺腫大。但胸水已逐漸變少，肺炎也漸漸好轉。後續再次使用內視鏡檢查食道破洞，發現癒合狀況良好，住院治療得以告一段落。

　　許多飼主以為，異物夾取手術完成，治療即結束，這是極錯誤的觀念，術後未妥善照護、追蹤檢查，極可能致使其他併發症產生，手術成功但最終卻失去心愛的毛孩子，不可不慎！

放置胸導管。

准許出院

Fiona

飼養是一輩子的責任！

天生帶著可愛笑臉的Fiona來到本院時，
走路時呈半蹲半拖的大外八字形，沒有
成年哈士奇應有的威風凜凜與帥氣站
姿，叫人心疼！

Fiona

長得高大帥氣，又帶點憨直氣質的哈士奇一直是全家最鍾愛的狗兒。

自從決定讓家裡多個新成員開始，家人經常留意周遭愛狗的朋友與網路消息，希望有機會認養哈士奇寶寶。

女兒很快地在認養狗狗的平台上看到了，某個家庭有了第二代哈寶寶，願意開放認養一隻女娃兒給愛哈士奇的民眾。原來的飼主在深入瞭解 Fiona 一家的生活環境以及對哈士奇的愛護與飼養意願後，同意讓飼主家人帶回她，於是 Fiona 正式成為家中的小女兒。

維基百科上說，哈士奇最初是被用來拉雪橇，參與大型捕獵活動和保護村莊。「我家的小女兒怎麼看都不像有這種『工作能力』，Fiona 最大的突出能力是『撒嬌』。」媽媽說。

Fiona 有很奇妙而精準的判斷力，她只跟家人撒嬌，至於她如何知道誰是家人，始終是個神奇的謎。

「Fiona 小時侯我們曾帶她回媽媽的娘家，僅僅那一次的經驗，之後外婆、外公來家裡時，Fiona 都會叫得很撒嬌，其他愛狗的朋友來家裡逗她玩，玩得再開心 Fiona 也不會對他們表達這種家人獨享的特別叫聲，她是怎麼知道外公外婆是家人的呢？真的好神奇啊！」媽媽透露出無限愛憐。

Fiona 如此可愛聰慧，難怪家人把她視為掌上明珠了。

Fiona 自小沒什麼讓家人們特別煩心的，只是偶而走路有點怪

怪的，和她散步時，走著走著有時會抬腳，有時又正常，家人有特別留意，但也看不出什麼問題來，後來次數慢慢多了起來，才被帶去住家附近的動物醫院檢查。

醫師說 Fiona 應該有膝蓋骨異位的問題，可以再觀察看看。對膝蓋骨異位的嚴重性不甚清楚的家人聽到醫生說可以再慢慢觀察，模模糊糊地覺得似乎可以不必太憂慮。

觀察了一段時間，家人覺得 Fiona 沒有好轉，又帶她到其他醫院就診，醫生也說，再觀察看看，有時候會自己好的。

Fiona 日漸長大，有時連站立都有困難，再帶去檢查，醫師卻說這已經膝蓋骨異位第四級了，過於嚴重，無法手術。

「其實半蹲走路也是可以生活下去的！」既然醫生說無法改善，家人也就只能接受這樣的說詞，看著 Fiona 漸漸步入半蹲著走路的窘境。

Fiona 的哥哥從小就對生物相關的知識有興趣，高中畢業後優先選擇就讀獸醫學系。準備校外實習的日子很快來到，哥哥從網路上找到了臺中英國皇家動物醫院，主動爭取實習機會。

實習一段時日後，Fiona 的哥哥發現，過去其他醫生建議無法治療的膝蓋骨異位第四級，在跟著蔡院長見習診治、說明病情的過程中，發現 Fiona 似乎是可以動手術治療的。於是鼓起勇氣告訴蔡院長 Fiona 的病情，向他請益膝蓋骨異位的原因及治療方向。蔡院長的專業意見與過往開刀經驗讓哥哥充滿信心，回家召開家庭會議，決定讓 Fiona 試試看手術治療。

當媽媽帶著五歲大的 Fiona 出現在本院時，連初次見面的醫護人員都感到不捨。有著可愛笑臉的 Fiona 行動艱難，走路姿勢有如京劇裡的武大郎般，半蹲半拖行，大外八字形地走路，沒有成年哈

站姿異常。

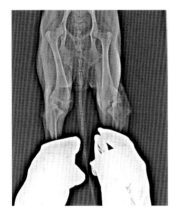

X 光片的影像。

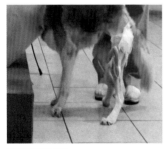

手術後的固定。

士奇應有的威風凜凜與帥氣站姿,真叫人心疼!

醫護人員陪同家人帶 Fiona 進至診間,由蔡院長開始進行詳細理學檢查,再麻醉做進一步影像學 X 光檢查,判斷 Fiona 為雙腳第四級膝蓋骨異位,建議手術治療。

「手術的目的是讓 Fiona 的腳能盡量直立走路,但外八姿勢確定無法改變。」蔡院長詳細地說明,因應左右側病況不同,將採用的手術治療方法不盡相同,並提出潛在風險的評估,家人充份理解後簽下同意書,開始展開治療。

住院期間正值哥哥實習尾聲,手術剛完成時,Fiona 常常會發出哀鳴叫

聲，細心的醫護人員發現，只要哥哥在醫院，Fiona 似乎叫得特別大聲。

　　哥哥休假的那兩天，Fiona 就和其他的狗兒一樣乖乖地換藥、吃飯喝水，沒再聽過她的哀哼聲。然而哥哥恢復上班的早晨，他一走進住院區，Fiona 立刻大聲哀鳴裝可憐，一旁笑得肚子痛的護士告訴哥哥：「Fiona 的撒嬌功真是厲害啊！」

　　住院一段時間後，蔡院長認為 Fiona 復健進度良好，只要依醫囑預備可限制活動的安全環境並依時依指示復健，家人就可以帶她回家自行照護。

　　沒想到，才短短兩天，又接到 Fiona 媽媽來電：「Fiona 回到家又開始一直哀哀叫裝可憐，吵得老鄰居都來投訴，連我們也快受不了了，還是讓她回醫院好了。」讓人好氣又好笑。

　　歷經四個月的治療，Fiona 終於能以直立的雙腳走路回家了！

骨外固定拆除後，Fiona 已經可以站立行走。

蔡院長的話

真正第四級膝蓋骨異位，經常會被當成無法手術矯正的結構缺陷，醫生會建議就這樣只要能活著就好。

對我們而言，手術雖然無法完全恢復正常，但是可以讓生活品質得到相當程度的改善，免於疼痛的折磨，滿足生命延續不可或缺的基本需求。動物無法開口為自己爭取這基本的權力，端看飼主的愛心，是否願意給予改善生活品質的機會。

在德國，領養小動物的飼主需要接受審查，其中要件包括：領養動機為何？居住環境、經濟條件是否適合？通過審查後，還要簽署動物保護相關文件才算完成領養程序。這些規範，簡而言之就是希望若沒有足夠的時間、愛心、耐心、一定經濟能力的人，盡量不要養寵物。也因此，在德國幾乎見不到被棄養的動物流浪在街上。歐美國家對於飼養寵物的規定，在東方社會尚難以落實，但相信當社會整體對寵物伴侶的認知更加完全時，先進國家的經驗會是我們努力的目標。

在這個病例中，Fiona 的家人完全符合以上養寵物的條件，但是一直無法找到可以幫忙解決問題的醫生，這個重責大任是作為一個醫生的使命，醫生應該以解決動物的痛苦和拯救他們的生命為職志。

准許出院

阿肥

誰說的才對？

狗狗一直翹屁股是怎麼回事啊？這位醫生說是脹氣啦！那位醫生說是關節退化，還有醫生說是發情……在不確定病因，病情日漸嚴重之際，阿肥媽媽彷彿在濕冷幽暗，不知盡頭的山洞中行走，前方偶爾閃爍的光亮，讓她以為掌握了方向，卻又在一瞬間陷入無措……

阿肥

住在彰化小鎮的媽媽，迎接毛絨絨的瑪爾濟斯回家時，一心希望能把他養得白胖可愛，所以幫小瑪爾取了一個「很不尋常」的名字—阿肥。

媽媽之前養的拉不拉多—可魯，因為乳房腫瘤過逝，傷心不捨的心情，讓她更加疼愛阿肥。

「他很挑食，愛吃的食物和一般的狗狗很不一樣。愛吃紅蘿蔔，芥藍菜，高麗菜還有水果，尤其是瓜果類，他特別喜歡，還真有點像小白兔。」阿肥媽媽說。

「我怕他營養不足，覺得深海魚應該不錯，但試了好幾次，他對鮭魚一直不感興趣。後來發現他喜歡雞肉，我現在都專程去市場買沒有打針的土雞腿肉燉給他吃。」醫師看診時幾句簡單的問題，就可以感受到媽媽對阿肥的愛有多深，多貼心了。

阿肥五歲大時，挑食但食慾不錯的他，不知為什麼食慾突然有點下降，媽媽想該不會是這些食物他吃膩了？要不要再試試別的菜色來吸引他？

新菜、舊菜交錯著試，發現阿肥對吃飯總是顯得意興闌珊，精神也變差了，常常翹著屁股，媽媽覺得有點怪，但心想：「像伸懶腰似的翹屁股也不是病吧！帶去看醫生應該會被說我太過於緊張、神經質了吧！」

兩個星期之後，阿肥吃得更少，而且馬上吐出來，當晚半夜不

阿肥在家時常翹屁股肚子疼痛的模樣。

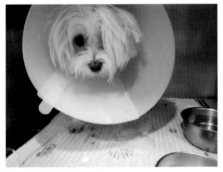

阿肥住院治療時的狀況。

安地哀叫,媽媽趕緊帶著他去附近的醫院檢查。

醫生拍了 X 光片,說是脹氣讓阿肥那麼難受,吃藥就會改善。結果吃了五天口服藥也沒有好轉。

再帶去另一家醫院檢查,醫生除了拍 X 光片,還做了血液檢查:「都沒有異狀喔!我研判翹屁股應該是關節退化造成的,吃三天藥,打個消炎針會好一點。若妳捨得,就去買顧骨頭的保健食品給他吃,對他的退化會有改善的。」第二位醫師給媽媽的建議。

過了幾天還是不見改善,阿肥夜半時分的躁動、哀叫聲愈來愈頻繁,母子倆都沒辦法好好睡,阿肥和媽媽都憔悴了。

再找第三家醫院,醫生沒做什麼特別的檢查,聽了之前的診療與媽媽的形容,看看、摸摸阿肥說:「他應該是在發情啦!不然半

夜怎麼會躁動？」懾於醫師表現出極有信心的專業病情判斷，「發情會這樣嗎？」滿心狐疑的媽媽無奈地帶著阿肥離開醫院。

三家醫院，三種不同病情研判，一個月就這麼樣的過去了。

媽媽突然想起，當年可魯生命最後的日子裡，是英國皇家動物醫院的細心照顧下，讓可魯平靜安寧地多陪了她一段寶貴時日，因此決定帶著阿肥來臺中檢查。

醫生發現阿肥消瘦許多，觸摸腹部時明顯有疼痛反應，因此為他進行血檢、胰臟炎篩檢、影像學檢查。在超音波檢查中發現他的腸道腫脹，為了瞭解腫脹原因，進行 X 光異物排除檢查。讓吞了顯影劑的阿肥依照時間設定拍攝了六組 X 光片，確認無異物阻塞。排除異物停留腸道的可能性後，醫師懷疑阿肥的病因可能是：一、胃腸道腫瘤。二、發炎性腸管性疾病。

這兩種疾病都需要開腹探測，因此建議採腸道組織做病理切片。媽媽一下子無法下決定，想回家再考慮看看，拿了七天份口服藥，就帶著阿肥回家了。

猶豫著該不該讓阿肥「挨」一刀的媽媽，返家後找朋友討論商量，好友介紹她去另一家診所。阿肥再次做了許多檢查，醫生也提出開刀採樣的建議。既然有兩家醫院都做出了相同判斷，媽媽決定讓阿肥立即開刀採樣。但採樣檢驗報告卻是：「原因不明」。

醫生告訴媽媽，依他的判斷，應該是「疑似」發炎性腸管疾病。持續治療了兩個月，經過超音波再次檢查，看到阿肥的腸子還是腫脹。「看病看到後來，

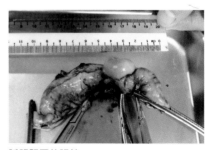

腫脹肥厚的腸管。

醫生說他看到我帶著阿肥到醫院，他就覺得壓力好大。」阿肥媽媽再次轉院。

　　這次媽媽選擇中醫療法，三個月過去，腸子還是一樣腫。

　　醫生建議開刀切除腫脹的腸子。「既然要開刀，那還是回英國皇家請蔡院長主刀吧！」媽媽做了決定。

　　距離上次為阿肥看診已是五個月前的事，阿肥除了持續出現祈禱姿勢，一天吐很多次外，還開始拉肚子。醫療團隊檢查、評估阿肥可以麻醉接受手術，蔡院長立即為他開刀。

　　蔡院長開腹後發現廻腸已經因腫脹引起嚴重狹窄，切除廻腸、盲腸做空腸結腸吻合術，並將切除的腸管送國外做病理切片檢查，因為胃腸道手術是汙染手術。術後隨即做細菌培養並裝置引流管，監控阿肥產生細菌性腹膜炎的風險。

住院時恢復食慾的阿肥。

住院期間，持續性地給予抗生素和嗎啡類止痛劑作疼痛管理。

兩個星期後收到檢查報告，確診為發炎性腸管疾病和黃色肉芽腫性淋巴管炎，此種疾病只能控制無法根治，需要使用免疫抑制劑，並定期追蹤血液，監控藥物副作用發生的風險。

幾個月過去，按時回診的阿肥，胃腸道情況得到很好的控制，挑食的習慣是改變不了（尤其是受了這麼多苦後，媽媽根本捨不得要他改啊……），但食慾已完全恢復正常，體重也由 2 公斤多恢復到正常約 4 公斤，甚至有點胃口還愈來愈好呢！

出院時已經顯得有精神的阿肥。

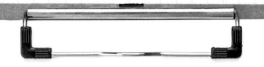

蔡院長的話

關於阿肥的病例，我覺得是整個臺灣動物醫療困境的縮影。

在阿肥確診並得正確治療後，媽媽的一段話讓我深入長思。

她說：「我真的覺得選擇醫院和醫師真的很重要。」雖然這話是給予英國皇家專業醫療極大的信任與讚美，但我更想分享的是——「醫生是人不是神」。

很多飼主都期待，醫生只要摸摸看看就能知道毛小孩出了什麼問題，當醫生提出應該做進一步檢查時，飼主卻認為醫生的建議是為了利益考量。每個儀器有它的盲點和敏銳的地方，沒有一個儀器的檢查可以完全代替其他的儀器，也沒有一個儀器檢查可以確診所有疾病，但往往飼主會期待，只要做了血檢、X 光，醫生理應能查出病因，若不能確診就被認為專業不足。

當醫病之間互信不足、溝通不夠時，犧牲的往往是毛小孩的健康，甚至危及性命。

更進一步的思考，擁有相同專業設備的醫療院所＝相同的醫療專業，這個等式成立嗎？阿肥做了兩次

切片檢查，為何第一次切片報告無法確診呢？

閩南語有一句俗語說「同款卻不同師傅」，可以用來詮譯：不同的醫生，做同樣的事，會產生不同的結果。臺灣寵物醫療的切片報告來自病理醫師，國外的切片報告是由 ACVP（American College of Veterinary Pathologist）考核授予的病理專科醫師判讀，兩者的專業領域有極大差異，所以造成「同款」的開始，「不同款」的報告結論。

醫療需要像偵探一樣讓證據說話。不做檢查所下的診斷是猜測，幸運地猜對了，動物也可以恢復健康。猜錯了就再試這個或試那個……，有的延誤會讓毛小孩多受苦，有的延誤卻足以要了毛寶貝的命。

學醫的都知道，光是引起嘔吐、肚子痛的原因就能夠出一本書。嘔吐、肚子痛等可以是吃了藥就能好轉的胃炎，也可能是沒有及時確診就會失去性命的腹膜炎。

醫生是人不是神。面對無法說出自己哪裡不舒服的動物，飼主更應該能了解醫生需要證據來確診疾病，有此共識，臺灣的寵物醫療才能不斷地提升，更有能力守護毛小孩的健康。

准許出院

Chapter17

Rory

信任與支持的力量！

「狗狗會得癌症嗎？」狗狗跟人類一樣是動物，你我可能罹患的疾病，也會發生在狗狗、貓咪的身上。這些疾病一直存在著，只因為在動物醫學不成熟的年代無法被診斷出來罷了。

聖伯納 Rory 是個幸運而勇敢的小鬥士，面對大大小小的疾病，他都在家人的支持陪伴下撐了過來。

Rory

Rory 初次來到醫院是為了他身上的紅疹與皮屑問題。

集憨直與萌樣於一身，六個月大的聖伯納犬 Rory，是個療癒系小型男，任誰看了都愛他。經過詳細檢查，證實疹子皮屑來自 Microsporum canis 黴菌感染。

爸爸發現正進行為期八個星期療程中的 Rory，後腳走路有點怪怪的。趁著回診時問蔡院長：「Rory 是不是應該補充鈣呢？」

「為什麼你會這麼想呢？」蔡院長反問爸爸。

「我幾個養大狗的朋友都這麼說啊！我剛把 Rory 帶回家時，朋友就跟我說，要讓他吃鈣片，才能幫助 Rory 長高長大，跟青春期的男孩一樣，要讓他在成長期時得到足夠的鈣質，才能長得好。」

「又是一個被錯誤觀念引導的爸爸！」蔡院長詳細地說明了關於不要隨意給狗狗吃鈣粉、鈣片，與相關醫學實證給爸爸聽。（請參考本書「善聽」篇專欄。）

「哇！蔡醫師，我第一次聽到這樣的說法，幸好我還沒買營養補給品 Rory 吃，否則真的是愛他卻又傷害了他。」Rory 爸爸驚歎。

在說明的同時，蔡院長也開始為 Rory 做完整的理學檢查，並且以 X 光髖關節影像確診 Rory 患了雙側髖關節結構不良症。更進一步為 Rory 爸爸詳細分析，雙側髖關節結構不良症內科的止痛劑加保健品葡萄糖胺與外科之治療方式差異、未來可能的病症發展、

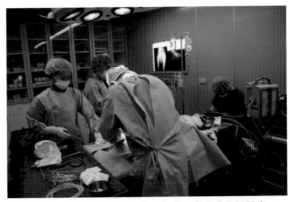

TPO（Triple pelvic osteotomy），為「三處骨盆骨切開術」。
下一篇有詳細篇幅介紹。

與兩者之間的風險等。（請參考本篇專欄。）

　　仔細瞭解其中差異後，Rory 爸爸支持蔡院長所提：極積外科手術治療。

　　確定朝外科手術診治後，蔡院長在三種外科手術選項中，評估以 Rory 的體型、年紀，適合進行 TPO 手術以一勞永逸。

　　對聖伯納犬特別情有獨鍾的爸爸，當初是透過在國外的友人幫忙尋得 Rory，進口至臺灣。確認 Rory 患有遺傳性疾病，即髖關節結構不良症後，立即去電告知朋友，請他提醒領養與 Rory 同胎手足的飼主，務必也帶他們去醫院檢查，並且強烈表達，切勿再讓 Rory 媽媽繁衍下一代的意見。因為他知道，並非每個家庭都能負擔手術費用，尤其在國外，動物醫療花費的金錢常常數倍於臺灣，若沒有充裕的經濟能力、足夠的能力、時間照料手術後的狗狗，豈不是害得他們更加受苦嗎？

　　蔡院長以三個月的時間，分次為 Rory 左、右兩側進行 TPO 手

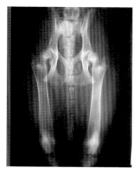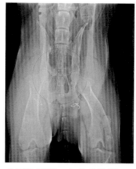

左圖為 Rory 術前髖關節 X 光，右圖為手術一年後的狀況。

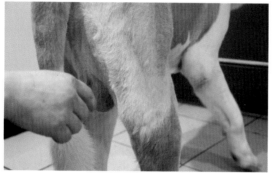

Rory 後腳淋巴結異常腫大。

術，十分成功。返家後再由家人接棒細心照料。又隔了三個月返院拆除骨板，一切順利安好。

拆骨板後約一個月，醫院接到爸爸約診電話表示，Rory 摸起來很燙，原本最愛和爸爸散步的他，現在連站立也不願意，而且後腳走路變得很怪：「我懷疑這是不是髖關節產生問題？」

醫院這頭立即為 Rory 安排 X 光檢查，看了 X 光下的影像，蔡院長確認髖關節沒有問題，卻同時發現 Rory 後腳淋巴結異常腫大。接續進行血液、關節液檢查及淋巴結切片化驗。

「在等待切片化驗期間無法立即確定造成淋巴結腫大的肇因，但可以確定的是，Rory 現在非常的疼。」眼見寶貝 Rory 發燒，連站著都極不舒服，爸爸心疼不已。

蔡院長建議安排 Rory 住院給予疼痛管理，減少緊迫風險。(「緊迫」簡單的說是任何引起身體或心理不舒服的原因，例如疼痛、生病、恐懼、害怕、憂慮、失戀、一直想同樣的事鑽牛角尖、想得到

的卻得不到、疲勞、長途運輸等等，不勝枚舉。）

　　住院數天後，發現 Rory 常常咳嗽，詢問爸爸是否之前也有這種狀況：「有啊！好幾次見他咳就想著要來給蔡醫師看，但隔天又沒咳了，我以為只是偶發，所以去看病時也忘了跟醫師說 Rory 會咳嗽。」爸爸同意醫院為 Rory 安排氣管鏡檢查，蔡院長透過氣管鏡發現 Rory 軟顎過長導致誤嚥性肺炎，氣管內有很多痰液，讓他不時地用咳嗽來讓自己舒服一點。於是在等待切片報告期間，蔡院長為 Rory 安排施行軟顎切除手術。

　　十天後，國外的切片報告傳回醫院，確診 Rory 罹患淋巴癌，做了免疫染色確定為 T 細胞和 B 細胞混合型的淋巴癌，這在狗狗臨床上極為少見 T 細胞型淋巴癌預後差，B 型淋巴癌預後較佳。（「預後」為醫學常用名詞，意指根據研究報告、各類文獻、臨床經驗等，判斷與預測未來疾病可能的發展走向。）

　　淋巴癌是犬貓常見的腫瘤之一，罹病成因未被證實，大多數的研究皆指向是多重原因，而聖伯納正是好發犬種之一。

　　蔡院長向爸爸說明，依臨床經驗與醫學報告來看，淋巴癌只能控制，很難根治，建議以化療加上中藥調理，為 Rory 爭取最佳醫治機會。於是開始了為期四十五次的療程。過程中 Rory 還發生了高燒、血尿、膀胱發炎等情況，種種考驗團隊應變與醫療專業的挑戰。

　　一年後，在完成第二十七次化療回家後過幾天，Rory 突然一天內吐了四次且發高燒，

Rory 血尿的狀況。

爸爸緊張地帶他回診，發現白血球遽降到 900（正常為 7000 到 17000），已有生命危險。

醫療團隊先給予最好的抗生素，降低併發感染的風險，同時間為 Rory 進行骨髓切片，並著手準備萬一需要骨髓移植的事前預備工作。

蔡院長原本懷疑嘔吐與高燒是化療藥造成的副作用，但經由骨髓切片，釐清 Rory 白血球和血小板減少的原因是來自另一個癌症，「骨髓瘤」。立即為 Rory 更改化療藥品、配合中醫治療和搭配飲食療法。接著花了兩天的時間，尋找到可配對捐骨髓的大型犬，為 Rory 輸入骨髓後，才逐漸看到白血球往上攀升到正常值。

另一個考驗發生在骨髓移植出院的兩個月後。

醫院再次接到爸爸來電：「Rory 這一兩天都沒怎麼尿尿，我覺得太奇怪了。」回診拍 X 光，發現膀胱及尿道中有滿滿的結石，同時也有細菌感染。「膀胱發炎容易引起結石，才短短兩個月的時間就快速地累積如此大量的結石，實屬特例。」

蔡院長以膀胱切開與會陰造口手術解除了 Rory 結「石」纍纍的病症。

從 Rory 身上取出的結石。

聖伯納犬在臺灣不算常見品種，多數人可能都是透過電視節目、卡通或電影來認識他們，像是許多人童年回憶中喜愛的卡通「阿爾卑斯山的少女」裡的來福，或是「我家也有貝多芬」電影裡，忠誠善良的形象。聖伯納總是一付憨直、好脾氣的模樣，Rory 也真的是如此。他就像個沉穩而安靜的小鬥士般，歷經多次開刀、化療

種種艱辛。唯一一次見他生氣，是住院時，爸爸帶了點心來看他，不識相的院狗麥克，不但跑去爭寵討拍拍，還覬覦 Rory 的點心，讓 Rory 生氣地低吼了一聲，嚇得體形只比他小一點點的麥克趕緊「落跑」。

　　Rory 緊貼著爸爸大腿宣示主權，讓人看了不禁會心一笑。「雖然大家都疼 Rory，但他就是跟我感情特別好。」長得高大憨厚，平時不多話的爸爸，果然跟 Rory 有父子臉呢！

　　Rory 自發現淋巴癌至今已有四年半，已完成四十五次化療，目前仍持續服用中藥保健身體並定期進行健康檢查，沒有發現任何異常，可以和爸爸一起快樂地共同生活。

TPO 手術後的快樂 Rory。

Rory 出院時在候診區與爸爸的合影。

蔡院長的話

　　每個疾病關卡都需要正確診斷，沒有正確診斷就無法找出原因做對的治療，飼主可以配合找出原因是 Rory 得以活下來的主要因素。

　　人到醫院看診都希望醫生做詳細的檢查，但當寵物到醫院看病時，很多飼主卻希望醫生只要看看、摸摸就能知道疾病答案，令我心中不禁感慨啊！

　　人類能聽懂醫生問話，也能用言語表達自己哪裡不舒服，並分辨出痛覺是絞痛？刺痛？是酸？是麻？也能清楚地說明從何時開始不舒服，多久發作一次等等。即便如此，人類還是需要配合儀器檢查找出病因，為什麼卻要求醫生看一看、摸一摸不會說話的動物就知道病因呢？這未免也太高估動物醫生的能力了！

　　在臨床上經常碰到需要第一時間診斷出來的疾病，因為拖延至症狀惡化才進一步檢查，使存活機會大大降低。例如食道卡到異物、骨頭，最初的臨床症狀是嘔吐。但可造成嘔吐的原因太多，若是選擇吃藥止吐不做檢查（沒有神奇藥物能使骨頭溶化的），延遲幾天後才診斷出來，那時已不是以內視鏡夾取異物

的層面了，毛孩子可能因為異物壓迫或是感染造成食道糜爛破裂，這容易引起胸膜炎、氣胸甚至導至死亡。我想用此例來說明：同樣疾病，依發現時間不同，治療結果也大大不同，是很容易理解的。

　　俗諺説「關關難過，關關過。」我想用在 Rory 身上是再適合不過了。

　　面對 Rory 的各種疾病，雖然 Rory 家人總説：「還好有英國皇家！」的確，面對難纏的醫療挑戰，我們從來沒有退怯，總想給每個毛孩子最佳的醫療處置，但對我而言，更大的挑戰往往不是來自疾病本身，而是飼主是否願意予他的孩子機會，給專業醫療展現的空間，讓毛小孩重拾生命轉機。

　　Rory 從一歲左右發現淋巴癌到現在五歲多，還經過這麼多重大疾病，至今亦沒有發現癌症復發。若非家人支持和愛心付出，他不可能存活下來，Rory 最大的貴人是他的爸爸和媽媽。

准許
出院

髖關節結構不良症（CHD）

趁著這篇的病例分享，我想深入跟各位飼主聊聊飼養狗狗後，時常會聽到的髖關節結構不良症，又稱髖關節發育不良症（簡稱 CHD）。

「髖關節結構不良症」是一種會疼痛的疾病，治療目標是讓狗狗無痛和正常活動。在臨床檢查發現狗狗有了「髖關節結構不良症」的飼主，往往很難接受。這個醫生講這樣，那個醫生說那樣，非醫療專業的飼主變得無助、迷惘、不知所措，對於要採哪種治療方式更是無法決定。

治療可分為內科和外科治療，不管選擇那一個治療方式，基本上都需控制體重和游泳復健。但對於活動和疼痛的控制，內科和外科治療有一些差別。內科治療一定需要控制狗狗的活動以免惡化太快，外科治療在恢復後可以讓狗狗自由活動，但是過度的劇烈運動還是不適合。一般正常狗狗的活動例如：走路、跑步和爬樓梯等，在術後都可以做到，但是跳障礙、接飛盤或是追球這些劇烈運動偶爾可以為之，但不適合經常做，因為正常狗做這些活動也有可能產生退化性關節炎。

內科治療不適合做任何劇烈運動，連爬樓梯和跑步都必須盡量禁止，因為內科治療對髖關節的結構一點治療都沒有，只是增加關節液潤滑和減緩疼痛的作用，髖關節還是每天的惡化。當然有 CHD 的狗選擇內科治療，能在不吃藥的情形下又無疼痛感和有正常的活動力是最好的。

然而，有 CHD 又能無痛的情形有多少比例呢？我想不到一成！內科治療是從有症狀時開始吃保養品，保養品無效時再吃止

痛劑，如果藥物能控制，狗狗就必須終身吃藥，如果藥物不能控制，就只能選擇髖關節的置換手術或股骨頭切除手術。

保健品的副作用目前知道的有皮膚過敏、胃腸障礙或拉血便，血液不易凝固容易出血，降低胰島素的作用等，止痛劑的副作用有嘔吐、胃潰瘍、胃出血，無胃口，精神差，增加排尿量，拉血便，抽筋，肝腎衰竭嚴重者死亡、血液不易凝固、自體免疫性的血小板減少症等，所以當你選擇內科治療，而狗狗尚無症狀前，不要擅自開始服用保健品，因為保健品只有潤滑的作用，沒有治療或改變髖關節結構的效果。

另一個選擇是手術治療，手術的目的是矯正關節結構而達到治療疼痛和恢復活動力的目的，我想大部分的飼主寧願聽採內科的治療方式不作手術，可是別忘記，內科治療無法有效控制，疼痛時需要人工關節置換手術，所需要花費的錢可能很多飼主無法負擔，也有飼主只要看到狗狗可以走路就認為狗狗沒有疼痛不需治療，這是對 CHD 的認知不同，也是臺灣狗狗的悲哀。美國做人工關節的泰斗 Dr. Olmstead，十年做了兩千五百隻狗狗的人工關節置換手術，平均一年有兩百五十隻，只有一個醫生就可以作這麼多的手術，還有其他的美國專科醫生會做人工關節置換手術，數目驚人。

為何有那麼多手術呢？這突顯出美國 CHD 疾病的嚴重性，也能證明美國飼主願意對狗狗的付出。為何要選人工關節置換手術？就是因為狗狗會有疼痛症狀，而不願意讓狗狗吃一輩子的止痛劑。這種事情在臺灣卻相反，因為飼主不願意或無能力花那麼多錢在狗狗身上，加上對手術治療的惶恐，或者說是對麻醉的害怕，不願意選擇手術治療。

選擇哪一種治療方式都沒有絕對的對或錯，只要狗狗沒有疼痛和活動正常就是好選擇，沒有疼痛和活動正常的目標，不論是內科和外科都可能達到，只是比例的不同。

　　站在醫生的立場應該把各種治療方式列出來，分析可能的結果和優缺點讓飼主自己選擇，醫生無法替飼主決定選那一種治療方式，但是有幾種情況不適合選擇手術治療：

1、希望手術百分之一百成功，狗狗術後一定不會產生退化性關節炎。

2、對手術療效不清楚，不明白併發症產生的可能。

3、和家人不能取得共識，自己無法做主。

4、術後無法遵照醫生囑咐照顧狗狗到完全恢復。

5、術後不複診不復健。

6、狗狗身體狀況不適合手術。

選擇治療方式結果

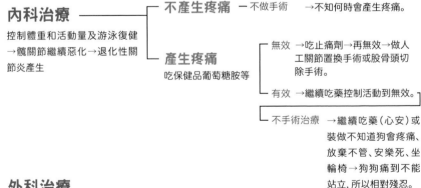

內科治療
控制體重和活動量及游泳復健→髖關節繼續惡化→退化性關節炎產生

不產生疼痛 ─ 不做手術 →不知何時會產生疼痛。

產生疼痛
吃保健品葡萄糖胺等

無效 →吃止痛劑→再無效→做人工關節置換手術或股骨頭切除手術。

有效 →繼續吃藥控制活動到無效。

不手術治療 →繼續吃藥（心安）或裝做不知道狗會疼痛、放棄不管、安樂死、坐輪椅→狗狗痛到不能站立，所以相對殘忍。

外科治療
有手術和產生併發症的風險，但有經驗的醫生實施下機率很少，有九成以上的成功機會→術後有三個月的恢復期，需要控制體重和活動量及游泳復健→恢復後繼續控制體重，可以進行正常狗狗的活動，沒有疼痛感也不用吃藥。

近來還有一種治療方式為 PRP（Platelet Rich Plasma），是使用儀器和特殊試管，利用動物本身的血液製作大量血小板，打入關節腔內修復被傷害的軟骨，製作過程能否產生多量的血小板和有無足夠的技術打入關節腔是主要的成功因素之一，這是新的治療方式，給無法手術的毛孩子，另一個可以嘗試的治療方式。

內科治療和外科治療優缺點比較

內科治療	外科治療
無手術風險	有手術產生併發症及失敗的風險
短期一次花費較外科少，長期花費比外科手術多很多	一次花費較高
治標不治本	改變關節結構讓覆蓋面積正常
需要承受吃藥的副作用	術後恢復不需要保健品和止痛劑
需要控制活動，若內科控制無效，繼續疼痛需要進行人工關節置換手術，花費更多	可以進行正常的活動沒有疼痛

因此，不管內科或外科治療，選擇都好像賭博，把醫生的技術因素考慮進去，選擇你覺得勝算比較大的，只要狗狗一輩子沒有疼痛活動正常，不因治療而產生副作用，你的選擇就是對的。

髖關節結構不良症的手術方式

CHD 的手術醫療有以下幾種：

一、恥骨吻合術—JPS

（Juvenile Pubic Symphysiodesis）

這是近年所推廣，預防性的手術。用電刀破壞恥骨連合處的生長板（註）組織，令其停止生長，而恥骨其他部分則以正常速度成長，以期日後能形成較多的關節窩包住股骨頭，手術限四至六個月幼犬適用，愈早手術成功機率愈高。

在狗狗四個月大的時候如能發現 CHD 就做手術，只有四分之一的機會會繼續惡化，產生退化性關節炎。

JPS 手術簡單併發症少，手術的成功失敗並不會影響以後的其他治療方式，相當值得推廣。由專精醫師執刀加上飼主與狗狗配合有一定的成功率，但 JPS 手術成功率無法評估，因為缺乏足夠文獻。

二、三處骨盆骨切開手術—TPO

（Triple Pelvic Osteotomy）

TPO 是個複雜而耗時間的手術，在腸骨、坐骨和恥骨作切開，使髖關節的關節窩能翻轉角度覆蓋關節面。

任何年齡都可以作 TPO，但施行年齡以六至九個月最好，因此時狗狗的成長已達九成，手術對髖關節骨頭生長已無影響，更因狗狗還年輕，術後骨頭癒合較快，這時期產生慢性關節炎的機率也較少。

以 X 光檢查為依據，只要沒有退化性關節炎，TPO 手術

一般是翻轉關節面30度以內，角度愈小，手術的預後愈好。

相對其他手術方式，TPO的併發症最少，但需仰賴長期專業訓練與豐富臨床經驗醫師實行才能達到最好的效果。

三、股骨頭頸切除手術── FHO
（Femoral Head and Neck Ostectomy）

這是一個犧牲性的手術，特別是在大型狗，雖然小型狗和貓因關節結構不全或退化性關節炎的疼痛而手術切除有很好的功能恢復，但是在大型狗是不鼓勵的。15公斤以下的狗成功率有九成，但是20公斤以上的大狗成功率卻不高。

股骨頭頸切除手術的唯一優點是解除疼痛和相對其他髖關節的手術花費較少，風險是，若醫師專業訓練與臨床經驗不足夠，不但可能引起疼痛感加增，也可能造成肌肉萎縮，使得狗狗跛得更嚴重。

然而若是已不適合做關節切開術（例如TPO等的一些手術），或因經濟因素、年齡無法做人工關節置換，或純粹只想解除疼痛，不在意狗狗可能跛行、肌肉萎縮的飼主，只要醫師手術得當是可考慮採此手術方式的。

至於還在生長中的幼犬，此手術是很少列入髖關節結構不良症的治療方式。

四、換裝人工關節手術── THR
（Total Hip Replacement ）

限生長板已關閉的狗或成犬適用。把股骨頭和頸部切掉和關節窩的清理後，在關節窩裝上高分子聚乙烯的人工關節

窩，在股骨裝上鈦製股骨支和鈷鎳合金的股骨頭，整個人工關節手術就完成。

手術後狗狗可以恢復正常生活，且人工關節的壽命約十至十五年，對大部分的狗狗而言，一輩子一次已足夠。

有雙側性 CHD 的狗八成只需要動一邊人工關節的手術，就可恢復滿意的生活。

如果不考慮經濟因素，人工關節手術是 CHD 產生退化性關節炎之後最好的選擇。可能產生的併發症主要為感染、人工關節脫落、骨折、脫臼等，手術成功率在於：一、有完備的術前檢查與評估。二、有深厚臨床經驗的骨科醫師，能滿足這二點，則手術成功機會高達九成。

綜觀而論

上述幾項手術方式，會依狗狗發現 CHD 的年齡、病況，經醫師專業評估給予醫療建議。其中亦包括風險、經濟等因素需納入思考。JPS 手術風險低但限於幼犬。TPO 手術適用於尚未產生退化性關節炎的狗狗。人工關節費用昂貴且並非每隻狗都適合。股骨頭頸的切除手術是犧牲性的手術，手術後狗狗只有靠假關節使用，手術的腿會較另一肢短，走路狀況也較差。手術一旦失敗，再回頭做人工關節不僅困難度增高，萬一切除角度不對，連做人工關節的機會都將失去，若非特殊原因，此選項絕不會是醫師與飼主的第一優先。

註：何謂生長板？
生長板內含豐富骨母細胞是骨頭生長所必須，位於長骨或其他形狀骨頭兩端接近關節處，尚在生長的狗生長板在 X 光下呈黑色通透性的線條，生長完畢後就變成一條白線不再分裂生長。

髖關節結構不良症常見問題

Q: 何謂犬髖關節發育不全症（CHD）？

A: 髖關節指的是大腿股骨頭和骨盤骨連接的關節。犬髖關節發育不全症（Canine Hip Dysplasia）簡稱 CHD。CHD 是狗狗出生時髖關節正常，但骨頭生長太快，肌肉生長卻速度跟不上，使得股骨頭被肌肉牽引脫出髖臼關節窩而引起。此為遺傳性疾病而非先天性脫臼。

Q: CHD 有可能是因為我沒有好好照顧而造成的嗎？

A: 如前面所述，CHD 是遺傳性疾病，肇因並非是否飼養得當。但已患 CHD 的毛孩子若有過度狂奔、跳躍，如：接球、接飛盤，或經常爬樓梯又及體重過重等，易導致病情惡化。（但是有文獻報導關節膜炎會造成 CHD。）

Q: 如何觀察狗狗是否可能患有 CHD ？

A: CHD 會讓狗狗疼痛，依疼痛的程度相異，會反應於不同的行為舉止上：

1. 不喜歡走路，特別在運動後。
2. 行動如兔子跳。
3. 坐下時緩慢、腳喜歡向外伸，兩隻腳放置姿勢和正常狗不一樣，身體可能歪一邊。
4. 站立後腳發抖無力，爬樓梯吃力或無法爬樓梯。
5. 走路外八、內八、臀部搖擺、跛腳
6. 沒走多少路就喜歡休息，固定不想動，不更換姿勢。

Q：若我的狗狗走路沒有特別情況，是不是就確定沒問題了？

A：遺憾的是，若狗狗兩邊都有 CHD 時，正因兩邊一樣痛，飼主反而不易以目測察覺雙腳的差別，但不代表狗狗沒有 CHD。

Q：我怎麼知道狗狗會不會痛？

A：狗狗不會講話，他們表達疼痛方式也不一定和人一樣地呻吟哀嚎，原溫馴的狗狗，當觸摸他時，他想要咬人或尖叫就代表他非常疼痛。

Q：要等到狗狗已經會痛，並且反應在行為上才醫治他嗎？

A：大部分的 CHD 尚未發展到一定程度時，是不會有症狀的。嚴重型的 CHD，因股骨已脫離關節窩，容易受外力傷害使關節囊破裂或因向上、向後移動造成坐骨神經的傷害而無法復原。

為避免因太晚發現而延誤治療，最佳方法就是進行 X 光影像學檢查。

Q：什麼時候可以讓狗狗做 CHD 的 X 光檢查？

A：早期診斷，早期保健治療是面對所有疾病的通則。四個月大的狗狗最適合開始進行 CHD 檢查。此時狗狗已經完成預防針注射，若有問題可及時進行手術治療。

Q：四個月大時檢查沒問題，是不是就能確認狗狗沒有患 CHD 了呢？

A：CHD 是發展性的疾病，需以四個月、六個月、一歲半、滿二歲為期，定期檢查。滿兩歲後檢查仍無問題，也只能 95%

確定正常，非百分百保證。

「別人跟我說，我八個月大的狗狗沒有得CHD，就代表狗兒安全過關，不會發生CHD了。」這是錯誤的觀念，如果以OFA^{（註）}的標準，即使在兩歲時檢查，兩邊的髖關節都正常，仍然有5%的機會發展成CHD，因為CHD是發展出來的疾病，不是一出生就有的。

Q: 既然至少要滿兩歲後才能有95%的確定，何不待兩歲後再檢查呢？

A: 再次重申，早期診斷，早期保健治療是面對所有疾病的通則。而CHD各個年紀檢查出來的手術方式亦不相同，但可以確認是的，無論年紀大小，只要檢查為陽性時，就幾乎已經可以確定為不正常！及早治療是對狗狗最佳的選擇。

Q: 一隻會跑會跳的狗是否就沒有骨科方面的疾病？

A: 答案是否定的！

曾有拉不拉多從出生到兩歲未發現後腳走路有任何問題，兩歲多時由於激烈運動後出現前腳跛行，但是休息後又恢復正常。飼主不放心，帶到本院進行檢查並主動提出希望做髖關節篩選，照了X光後發現，不但肘關節結構不良，還有退化性關節炎，包括髖關節也是非常嚴重的CHD。

Q: CHD治療只有手術一途嗎？

A: CHD的症狀顯現範圍很大，症狀輕微的患犬幾乎與正常犬一般，但嚴重者不良於行。因此CHD的治療方式應視臨床症

狀而定,依程度做不同的醫療與保健考慮。例如:從 X 光影像檢查,患嚴重退化性關節炎但行動自如不會跛腳的狗狗,我們會建議進行保健式的照護,而不選擇施行手術。

Q: 可能罹患或已患 CHD 的孩子如何保健?

A: 建議如下:

1、嚴格控制體重:過重將增加關節負荷;體重標準以容易摸到肋骨和腸骨翼為衡量方式。

2、限制行動:避免跑跳等激烈運動,尤其是堅硬地面,要避免上下樓梯。活動空間採用高摩擦力地板,以方便狗狗容易爬起及走動。

3、狗狗躺臥或睡覺的地方鋪上舒適而溫暖的軟墊。

4、選擇溫和運動:保持適當的活動可以讓肌肉有力並保持關節點的潤滑;例如短距離的散步或是游泳。

5、任何會增加後腳用力的運動方式都不適當,例如:前腳懸空後腳站立;而玩飛盤是絕對禁止的。

總結:杜絕有 CHD 遺傳因子的狗繼續繁殖後代,早期診斷早期保健治療是根本之道。

註:

OFA(Orthopedic Foundation for Animals)是美國一個非營利組織,設立於一九六六年。源起於協助繁殖者來追蹤髖關節發育不良症。經過 OFA 認證髖關節合格且沒有其他遺傳疾病的狗才能作為繁殖用。此機構所採用的髖關節判讀 X 光是伸展腹背照,又稱 OFA 標準照。

Chapter18

巧巧

細微處流露出的真情感！

「深知身在情常在……」晚唐詩人李商隱想表達情意纏綿之深刻，只要活著一天感情就不會改變，若能捨下這份情，除非此身已逝。而巧巧家祖孫三代之情，即使爺爺離世，巧巧就是他對女兒舐犢情深，綿延不息，愛的表達。

巧巧

老家在臺南的巧巧媽媽嫁到中部，捨不得女兒遠嫁的巧巧爺爺，正巧朋友家生了一窩小瑪爾濟斯，問遍周遭親友，卻無人有意願認養，爺爺趕緊要了可愛的巧巧，送給愛狗狗的女兒。

剛帶回家時，一個月大的巧巧屁股常常濕濕的，沒養過幼犬的媽媽不確定這樣是否正常，帶去住家附近的診所檢查，醫生說只是濕濕的，沒什麼問題，再多觀察一段時日看看。如同擔心小 Baby 得尿布疹一樣，媽媽經常觀察巧巧小屁股有沒有濕濕的，儘量讓她保持乾爽。

常回娘家探望家人的媽媽，每次南下都會帶著巧巧同行。一方面是捨不得留巧巧在寵物中心孤單住宿，一方面是因為最初領養她的爺爺特別寶貝巧巧，每當媽媽回娘家的日子，爺爺總是叮囑家人要把小東西收好，別讓巧巧誤食，更要把環境整理乾淨，保護才幾個月大的巧巧如同小孫女一般。

「娃娃！娃娃！」這是專屬爺爺和巧巧之間的暱稱。讓媽媽忍不住裝吃醋，故意跟爺爺撒嬌說：「比起我，爸爸更盼著巧巧常回臺南！」

四個月過去了，巧巧濕屁屁的狀況沒有改善。擔心潮濕的毛會讓巧巧得皮膚病，這段期間，媽媽帶著巧巧在臺中、臺南至少讓十幾位醫生診查過，多數醫生都說巧巧是因為年紀太小不會控制尿尿，長大些就會好⋯⋯。

　　爺爺問了當初送他巧巧的朋友，巧巧同胞胎的手足有無類似狀況，得到的答案是「沒有。」而且四個月大的馬爾也不算是「幼幼犬」了。雖然自己不是寵物專家，怎麼想也覺得不太對，所以才會看了十幾位醫生，希望能找到真正的原因。

　　直到臺南一位黃醫師跟媽媽說：「我懷疑巧巧有先天性疾病，你可以帶去英國皇家動物醫院看看，蔡醫師的專業和醫療設備應該能為巧巧找出問題的答案。」

　　轉診到英國皇家的巧巧，屁股已因長期的尿液浸潤而潰爛，讓人看了好不捨。蔡院長立即為她進行靜脈注射泌尿道造影（Intravenous Urography：IVU）、X光影像檢查與膀胱內視鏡。發現原來巧巧罹患先天性雙側輸尿管異位。

（左）陰部嚴重皮膚化膿潰爛。
（左下）術前 IVU 顯影 X 光側照。
（下）術前 IVU 顯影 X 光躺照。

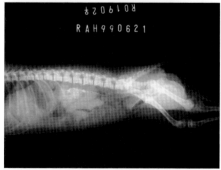

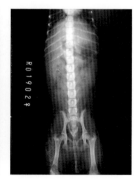

正常的排尿過程，是尿液經由輸尿管傳輸到膀胱，膀胱儲存一定尿液後，再沿著尿道排出。然而輸尿管異位的巧巧，輸尿管未與膀胱連結而是直接連接尿道，所以只要有一點點的尿液，就會直接從尿道排出，常常滴尿，讓屁股總是濕濕的。

為了解決這個問題，蔡院長為四個月大的巧巧進行輸尿管異位重建顯微手術，將異位的輸尿管切斷，重新接回膀胱，終於讓巧巧脫離皮膚潰爛的折磨，屁屁不再整天濕答答的了。

巧巧來到家裡後，每天睡覺都要擠在爸媽的中間，疼愛她的爸媽除了要處處小心，怕壓到巧巧，也長期忍受著巧巧濕濕的屁股在

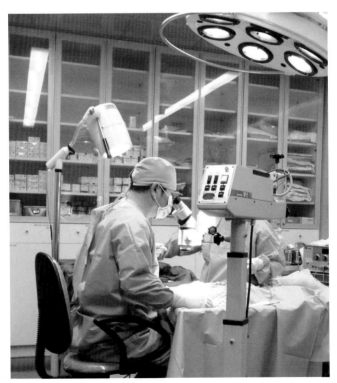

巧巧進行顯微手術的狀況。

床上留下的味道。能重拾健康，不僅讓巧巧與滴尿窘境告別，也讓爸媽寬心、輕鬆許多。

　　幾年過去，巧巧多次因血尿而發現膀胱結石，臺南的黃醫師透過手術、處方飼料、飲用純水讓巧巧控制病情，除此之外一切平安。

　　六歲大時，媽媽發現巧巧皮膚怎麼黃黃的，帶往臺中住家附近的診所檢查，經過血檢與篩檢，確定不是焦蟲感染，但有不明原因的溶血，導致巧巧嚴重貧血。

　　「我無法檢查出來為什麼巧巧會貧血。現在應該要為她輸血，但我們診所沒有捐血犬，剛剛問了幾家診所，都說沒有辦法幫忙。

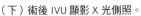
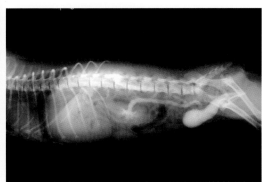

（左）術後 IVU 顯影 X 光躺照。
（下）術後 IVU 顯影 X 光側照。

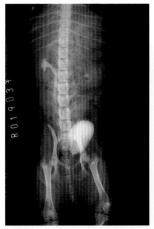

術後陰部復原狀況。

抱歉！」醫生兩手一攤，愛莫能助。於是媽媽轉而向黃醫師求助。

「妳趕快帶巧巧去找蔡醫師！」黃醫師提醒媽媽。

蔡醫師的醫療團隊為巧巧做了血液檢驗、超音波、Ｘ光影像檢查，檢查過程中，同時為巧巧輸血，避免因持續溶血帶來嚴重貧血的危險。一步步的詳細檢查，蔡院長首先排除肝臟疾病、膽道阻塞造成的黃膽，懷疑是免疫系統的問題，而在血液抹片和其他血檢的輔助下，確認巧巧溶血的兇手就是免疫系統異常。同時也發現巧巧患有糖尿病。

確認病因才能對症下藥。蔡院長使用了免疫抑制劑才得以將頑強的攻擊壓制住，也藉著服藥、食療讓巧巧無需使用胰島素，並穩定控制糖尿病。

爺爺在巧巧生病前因病邊逝。

「措手不及失去了我的爸爸，讓我更害怕會不會也失去巧巧。看著巧巧，總是令我憶起父親的慈愛，彷彿他只是遠行，不曾離開我們。我對爸的愛，爸爸對我、對巧巧的愛，是綿延三代的無價之寶。」巧巧的媽媽說。

蔡院長的話

　　顯微手術是醫學的另一個領域，不是只要是醫生，經過訓練就可以學會的。

　　除了專業知識與技能外，學習顯微手術第一先決條件是不能喝酒和咖啡。這個特別的要求是我當年在美國安德遜醫學中心學顯微外科時，顯微專科教授所提出的限制條件。

　　望文生義可知顯微手術是在顯微鏡下進行手術，連上過化學實驗課的中學生都知道，顯微鏡下所有物體的大小、距離和實際差異有多麼的大，手術困難度比肉眼可及的手術難度之高難以臆測，施行手術時，手指小小的顫抖就可能致使手術無法完成。

　　很幸運我克服挑戰習得顯微手術技巧，能為更多可能被放棄的小生命服務。在動物醫療水準不一的臺灣，當被醫生宣布需要放棄或安樂死時，應該多詢問幾家醫院，給予小生命再度燃起希望的契機。

准許
出院

Chapter19

嗨啾

堅硬如石的感情！

———————◆◇◆———————

「哇！這是什麼？是狗狗還是小熊？怎麼這麼可愛啊？」故事開始於一個把狗誤以為熊的美麗錯誤；一位認真求知的新手狗媽媽；一份全家總動員「毛」起來愛的幸福，一隻不斷血尿結石的紅貴賓，共同譜寫出一章名為堅持到底的動人詩篇。

嗛啾

嗛啾，是家裡第一隻狗狗。

從來沒有養過狗的嗛啾媽媽某天去髮廊洗頭時，邊翻閱著雜誌，邊和設計師聊天，突然看到雜誌裡的模特兒抱著一隻紅咖啡色的小動物，模樣好可愛，忍不住驚呼、好奇的問設計師：「哇！這是什麼？是狗狗還是小熊？怎麼這麼可愛啊？」

「熊不是在森林裡，就是養在動物園，怎麼能帶回家啦！」設計師笑彎了腰：「妳不知道嗎？這是紅貴賓，是狗狗啦！」

媽媽自己也笑了，「原來是狗喔！我身邊好像沒有朋友養狗耶，難怪我都沒見過這種狗。」

「之前有名模就是養紅貴賓的，自從她的狗上電視、登上雜誌之後，紅貴賓就變得很紅很搶手……。」設計師忍不住開始聊起了明星八卦，媽媽耳朵聽著，眼睛卻離不開雜誌裡模樣天真可愛的狗兒了。

過兩天，媽媽參加企業社團聚會時，和朋友聊起那天的糗事：「設計師笑我孤陋寡聞，居然分不清是狗還是熊，還說原來企業家只有專業厲害，碰到其他事也是一竅不通的，哈哈哈！」

「這我就比妳行了，我自己雖然也沒養過狗，但是愛狗的朋友倒是不少，最近有朋友家的紅貴賓快生了，還問我想不想養，要送我呢！」

「送我！送我！我真的很想養！」

故事就是這麼開始的……

生了兩個兒子，但沒養過狗狗的媽媽，在兒子即將上大學之際，養了第一隻狗狗－嗨啾。

「妳要想清楚喔！養了就是一輩子的事。很多人覺得可愛、好玩就抱狗回家，嫌麻煩了就往外丟，我們家絕對不可以這樣。」要帶回嗨啾之前，爸爸一直對媽媽耳提面命。

「當年養小孩，怎麼洗澡、餵奶、加副食品、斷奶，我有一個好婆婆可以讓我諮詢，不會就趕快問她。養狗兒子可沒人可問了。」

擔心自己問笨問題遭嘲笑，害羞的媽媽買了不少的育犬書。

「我老公都故意跟兒子說，媽媽當年把你們照豬養，現在養狗是照書養，人不如狗囉！」

兒子們跟嗨啾的感情好得不得了，哪會在意呢？還跟媽媽一起看書，一起討論。

嗨啾一個多月大時還不太會站，小兒子怕他滑倒，還大方地貢獻自己的浴巾鋪在地板增加摩擦力，讓嗨啾的學習過程安全無虞。

三歲多的某一天，媽媽發現習慣早上尿尿的嗨啾一直蹲，有想排尿的樣子，但只尿出一點點來。趕著上班的媽媽交待家人多留意就出門了，但還是放不下心，當天提早下班帶著嗨啾就醫，醫生發現膀胱裡有結石，立即為他取出，解決第一次危機。

隔了一年，嗨啾出現了血尿，斷斷續續，尿量不多，但肉眼就能看出帶著血，到了醫院檢查，發現又有結

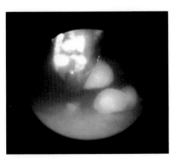

嗨啾膀胱結石。

石，於是就動了第二次手術。

六個月後，嗨啾又因血尿動第三次刀。和以往不一樣的是，嗨啾開刀後一直昏昏沈沈的，精神很不好。

醫生跟媽媽說：「這次的刀開得我自己都心驚膽跳的，真的很危險。而且嗨啾血尿的頻率愈來愈短，結石產生速度太快，這樣不太正常，下次若再血尿，我怕我們醫院的設備、人力都不夠，我會建議讓他轉院治療。」

每次開刀都讓媽媽好焦慮，眼淚不知流了多少，真希望嗨啾平平安安的，不要再有下一次結石了，哪裡聽得進醫生的建議。

沒料想，不到三個月，令媽媽頭痛的血尿又來了。

這次醫生對媽媽說：「我推薦妳帶嗨啾去英國皇家開刀，除了那裡醫療設備人力充足之外，我想蔡醫師也有辦法幫嗨啾查出來他產生結石速度那麼快的原因。」

手術前血尿。

嗨啾到院當日，蔡醫師建議做了全套健康檢查，包括：血檢、尿檢、X光、尿液細菌培養。

除了發現有尿道結石外，嗨啾第一次被查出，他的肝臟比同體型、品種的狗狗小得多。蔡醫師懷疑可能是肝門靜脈分流引起的小肝症，以電腦斷層檢查後確認。幸好，肝臟經過切片檢查是先天性發育不良造成，而非肝門靜脈分流導致，經過結石分析後，確定肝臟的發育不良和膀胱感染，是造成嗨啾結石的

主因。

隔日安排手術將膀胱結石取出，並做會陰造口。日後希望結石產生時可以直接尿出來，不用再進行膀胱手術。術後依舊做細菌培養，排除感染。

除了結石之外，還有另一個小插曲。

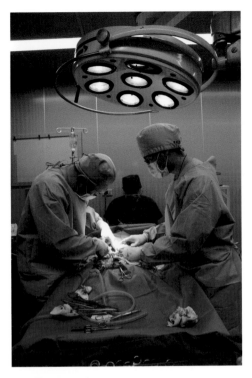

會陰尿道造口手術。

出院後一個月，媽媽發現嗨啾背側長了兩個腫瘤，蔡醫師安排手術切除並送病理切片判讀，幸好為良性肉芽腫脂層炎。

距離上次結石手術四個半月後回診檢查，發現又有膀胱結石，因已做會陰造口，蔡醫師此次就以膀胱鏡將結石夾出。

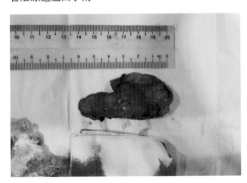

摘除的腫塊。

兩個月後回診：無結石。再兩個月後追蹤，又有結石了，再次以膀胱鏡夾出。一個月後回診，有小結石產生，採膀胱沖洗順利將小結石沖出。

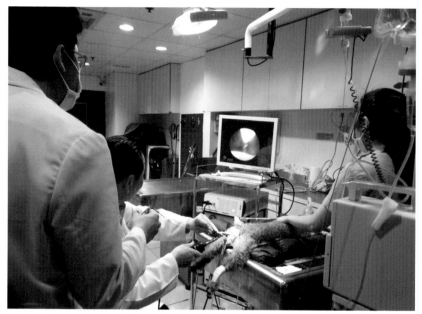

膀胱內視鏡結石夾取。

　　相隔一個月又發現結石，因顆粒太大，無法用膀胱沖洗處理，改採膀胱鏡方式將結石取出。

　　為什麼嗨啾會這麼容易結石呢？

　　「有些結石引起因素至今仍無法被解釋，但多起因遺傳、代謝異常疾病等先天問題，或因細菌感染泌尿道。」蔡醫師說明：「其實就像人一樣，同一家子成員，每天喝等同量的水，吃的食物也差不多，有人會得結石，有人沒事，先天體質不同而相異。」

　　自從英國皇家進行第一次手術起，蔡醫師開立中藥處方，提出飲食建議，希望能慢慢調整嗨啾體質，雖然無法讓嗨啾不再產生結石，至少能延長結石產生的速度。

　　六個月後開始看出成效了，嗨啾再次發現小結石與前次已有四個月的時間。「家人和醫師都要有耐心，長期的觀察、調整藥物。」蔡醫師對家人一路陪伴嗨啾非常感動。

　　「謝謝蔡醫師為嗨啾做了造口，現在他不必每次開刀、縫合，我真的放心多了。」

　　每次就診，嗨啾爸爸和媽媽都會一起來醫院。看到酷酷的嗨啾爸爸，醫護人員私下問媽媽：「爸爸公司的事那麼多，會不會覺得彰化、臺中來來回回帶嗨啾來治療很麻煩？」

　　「妳們別看爸爸這樣，嗨啾最黏他了。」媽媽說，下班時夫妻倆同時進門，嗨啾會在爸爸腳邊繞來繞去，一坐下他就會趕緊跳上爸爸身上又親又撒嬌的。

　　「他六個月大時，原本睡在籠子裡好好的，爸爸讓他上床睡了一晚，從此嗨啾都跟我們一起睡。妳們說，誰最寵他呢？」媽媽不說大家都看不出來呢！

　　「朋友看我們對嗨啾的付出，常消遣我們養了『百萬名犬』。」媽媽感嘆：「這該怎麼說呢？是他跟我們緣份深，成了一家人。家人生病了，誰會放著不管呢？這種心情很難讓沒養狗的人理解。唉！我們自己懂就好了，是不是啊？嗨啾！」

　　媽媽把眼睛咕嚕咕嚕轉的嗨啾抱在懷裡，笑得燦爛。

蔡院長的話

　　如同人類醫療亦有極限一樣，有些疾病無法根治是因為體質或遺傳所影響，但是透過藥物飲食控制與細心愛護、照顧，仍可以保有良好生活品質與疾病共存，像是糖尿病。

　　這個病例亦是如此，雖然難以根治結石再度產生，但藉著會陰造口手術，狗狗不必重覆地開刀、縫合，降低手術的風險，配合藥物、飲食調整，加上主人有愛心的照顧，讓嗨啾可以過有品質的生活。

　　生命是可貴的，不管是人或動物。

准許出院

致謝

能順利編撰此書，
要特別感謝毛孩子的家人們，
提供他們與寶貝生活點滴的小故事
與輾轉來到英國皇家動物醫院的心路歷程。
有些病歷已是多年前的故事，
再次提起已能笑談當年，慶幸覓得良醫得醫治。
有些病歷，即使現在毛孩子已恢復健康，憶起歷歷往事，
受訪的家人仍忍不住傷心哭泣，
不忍毛孩子曾遭受無人願醫治、
無法可醫治的痛苦、無助與徬徨。

謹以無限的感謝獻予毛孩子的家人們：
謝謝您們對英國皇家動物醫院的信任，
守護每個毛孩子的健康。
每個生命，都值得努力到最後！

醫院簡介

「每個生命都值得我們努力到最後！」

每個生命都有他生存的權力！

動物不會說話，我們更不能任意決定他的生與死。

安樂死，從來就不是我們的最終治療方式，以後也不會是。

讓積極治療或安寧照顧來代替安樂。

我們與毛孩子和他們的家人，共同見證了許多生命的奇蹟，而無法完全康復的，也能在病情被控制的情況下保有良好生命品質，開心並有尊嚴地活下去。

我們的信念是：每個生命都「值得」！

我們的目標是：我們的「最後」必需比別人的標準更高！

電腦斷層掃描、顯微手術設備、血液透析儀（洗腎機）、督卜勒彩色超波等，這些設備不是我們最核心的價值—願意投資，誰都能將這些搬回醫院裡。

問診、理學檢查、各項影像、數據、檢驗報告加上臨床經驗等綜合而成專業與具邏輯病情判斷；依病情需要使用中、西藥、針灸、水療等，用心與不斷追求卓越才是讓醫療品質持續提升的關鍵。

生、老、病、死是生命必經過程，我們願為每個生命努力到最後。

希望此書能激起更多迴響與感動，讓愛毛小孩的家人們知道，在堅持愛，堅持陪伴到底的路途上，我們都不孤單。

英國皇家動物醫院 LOGO 設計理念：

「皇冠」代表著有如英國皇家獸醫學院高水準的專業能力。

「圖騰」是由三個英文字母整合而成，分別是 RAH，Royal Animal Hospital.

以英國皇家動物醫院命名，期許能帶給台灣小動物有如歐美專業般的診療技術。

讀者有禮！

憑本書至英國皇家動物醫院蓋院章，
即可免費兌換
三個月的心絲蟲處方預防藥一份

蓋章處

兌換日期為

2017/02/01 至 2017/08/01

逾期無效。

每本書限兌換一次。

英國皇家動物醫院

04-27073887

臺中市西屯區河南路二段 429 號 B1 之 2

毛孩子,活下去:動物醫師成功搶救毛孩子的真實故事! /
臺中英國皇家動物醫院著. -- 初版. -- 臺中市：晨星, 2017.02
　　面；　公分. -- (Lifecare ; 10)
　　ISBN 978-986-443-214-1(平裝)

1.犬 2.寵物飼養 3.獸醫學

437.354　　　　　　　　　　　　　　　　　105022565

LIFE CARE 10

毛孩子，活下去：
動物醫師成功搶救毛孩子的真實故事！

作者	臺中英國皇家動物醫院
主編	李俊翰
校對	蔡焜洋、陳振杰、余思嫻、張文蓉
美術編輯	蔡艾倫
封面設計	陳其輝
創辦人	陳銘民
發行所	晨星出版有限公司 臺中市工業區30路1號 TEL:（04）23595820　FAX:（04）23597123 E-mail:service@morningstar.com.tw http://www.morningstar.com.tw 行政院新聞局局版台業字第2500號
法律顧問	陳思成律師
初版	西元 2017 年 2 月 1 日
郵政劃撥	22326758（晨星出版有限公司）
讀者服務專線	04-23595819#230
印刷	啟呈印刷股份有限公司

定價 290 元

ISBN 978-986-443-214-1

Printed in Taiwan

版權所有 · 翻印必究
（缺頁或破損的書，請寄回更換）

◆ 讀 者 回 函 卡 ◆

以下資料或許太過繁瑣，但卻是我們了解您的唯一途徑
誠摯期待能與您在下一本書中相逢，讓我們一起從閱讀中尋找樂趣吧！

姓名：＿＿＿＿＿＿＿＿＿＿　性別：□ 男　□ 女　生日：　　／　　／

教育程度：＿＿＿＿＿＿＿＿＿

職業：□ 學生　　　　□ 教師　　　□ 內勤職員　□ 家庭主婦
　　　□ SOHO 族　　□ 企業主管　□ 服務業　　□ 製造業
　　　□ 醫藥護理　　□ 軍警　　　□ 資訊業　　□ 銷售業務
　　　□ 其他 ＿＿＿＿＿＿＿＿＿＿＿

E-mail：＿＿＿＿＿＿＿＿＿＿＿＿＿　聯絡電話：＿＿＿＿＿＿＿＿＿＿

聯絡地址：□□□ ＿＿＿＿＿＿＿＿＿＿＿＿＿＿＿＿＿＿＿＿＿＿

購買書名：毛孩子，活下去 ＿＿＿＿＿＿＿＿＿＿＿＿

・本書中最吸引您的是哪一篇文章或哪一段話呢？ ＿＿＿＿＿＿＿＿＿＿＿

・誘使您購買此書的原因？

□ 於 ＿＿＿＿＿ 書店尋找新知時　□ 看 ＿＿＿＿＿ 報時瞄到　□ 受海報或文案吸引
□ 翻閱 ＿＿＿＿＿ 雜誌時　□ 親朋好友拍胸脯保證　□ ＿＿＿＿＿ 電台 DJ 熱情推薦
□ 其他編輯萬萬想不到的過程：＿＿＿＿＿＿＿＿＿＿＿＿＿＿＿＿＿＿

・對於本書的評分？（請填代號：1. 很滿意 2. Ok 啦！3. 尚可 4. 需改進）

封面設計 ＿＿＿＿＿ 版面編排 ＿＿＿＿＿ 內容 ＿＿＿＿＿ 文／譯筆 ＿＿

・美好的事物、聲音或影像都很吸引人，但究竟是怎樣的書最能吸引您呢？

□ 價格殺紅眼的書　□ 內容符合需求　□ 贈品大碗又滿意　□ 我誓死效忠此作者
□ 晨星出版，必屬佳作！　□ 千里相逢，即是有緣　□ 其他原因，請務必告訴我們！
＿＿＿＿＿＿＿＿＿＿＿＿＿＿＿＿＿＿＿＿＿＿

・您與眾不同的閱讀品味，也請務必與我們分享：

□ 哲學　　　□ 心理學　　□ 宗教　　　□ 自然生態　□ 流行趨勢　□ 醫療保健
□ 財經企管　□ 史地　　　□ 傳記　　　□ 文學　　　□ 散文　　　□ 原住民
□ 小說　　　□ 親子叢書　□ 休閒旅遊　□ 其他 ＿＿＿＿＿＿＿＿＿＿＿＿

以上問題想必耗去您不少心力，為免這份心血白費
請務必將此回函郵寄回本社，或傳真至（04）2355-0581，感謝！
若行有餘力，也請不吝賜教，好讓我們可以出版更多更好的書！

・其他意見：

晨星出版有限公司 編輯群，感謝您！

請填妥後對折裝訂，直接投郵即可，免貼郵票。

廣告回函
臺灣中區郵政管理局
登記證第267號
免貼郵票

407
臺中市工業區30路1號

晨星出版有限公司
寵物館

請沿虛線摺下裝訂，謝謝！

更多您不能錯過的好書

【圖解完整版】犬學大百科
一看就懂、終身受用的狗狗基礎科學
大量使用完整且清晰的全彩圖片，包含各式透視圖、雷達圖、示意圖、曲線圖與實境照片等作鉅細靡遺的犬學講解。

謝謝狗狗的擁抱
★榮獲北市圖第66梯次「好書大家讀」推薦
14隻狗狗與飼主互訴愛意的真實感人故事，用狗與人的真摯感情，填滿現代社會裡心與心之間所缺少的悸動……

當嘉碧遇見了依莉
★榮獲北市圖第70梯次「好書大家讀」推薦
因為罹患罕見疾病，嘉碧遭到同學排擠霸凌，拒絕走出戶外。這時，長耳獵犬依莉走入她的生命。但是依莉也罹患了類似嘉碧的疾病，為了治療依莉，嘉碧嘗試鼓起勇氣走入人群…

加入晨星寵物館粉絲頁，分享更多好康新知趣聞
更多優質好書都在晨星網路書店 www.morningstar.com.tw

搜尋 / 晨星出版集團寵物館